KB154119

우리 뇌를
컴퓨터에 업로드할 수 있을까?

우리 뇌를 컴퓨터에 업로드할 수 있을까?

뇌 과학

지은이 **임창환**
(한양대 생체공학과 교수)
그린이 **최경식**

나무를 심는 사람들

프롤로그

지난 세기 벌어진 미국과 소련의 우주 경쟁에 버금가는 과학 기술 전쟁이 다시 시작되었습니다. 바로 인간의 뇌를 먼저 정복하기 위한 경쟁입니다. 2012년, 유럽 연합(EU)은 10년간 1조 3천 억 원을 투자하는 대규모 뇌 연구 프로젝트인 '인간 뇌 프로젝트(Human Brain Project)'의 시작을 알렸습니다. 이에 위기의식을 느낀 미국의 버락 오바마 대통령은 '브레인 이니셔티브'라는 프로젝트를 만들고 2013년부터 10년간 무려 5조 원의 연구비를 투자하겠다고 발표했습니다.

그런가 하면 여러분도 잘 아는 자동차 회사 테슬라의 대표 일론 머스크는 2017년 3월에 '뉴럴링크(Neuralink)'라는 이름의 뇌 공학 회사를 설립했습니다. 궁극적으로 인간의 뇌와 인공 지능을 연결해서 인공 지능의 위협에 맞서겠다는 계획도 밝혔습니다. 이 회사는 외부의 투자를 전혀 받지 않고 100% 일론 머스크의 투자로만 운영되고 있습니다. 그만큼 머스크가 이 회사에 걸고 있는 기대가 크다는 사실을 알 수 있죠. 같은 해인 2017년에는 페이스북 대표인 마크 저커버그가 개발자 회의에 등장해서 페이스북이 뇌와 컴퓨터를 연결하는 뇌-컴퓨터 인터페이스 기술 연구에 투자하고 있다고 밝히기도 했습니다. 2019년에는 실제로 천억 원 가까이 투자해 '컨트롤 랩스(CTRL-labs)'라는 이름의 뇌-컴퓨터 인터페이스 스타트업 회사를 인수하기도 했죠.

그런데 선진국들과 글로벌 대기업들은 왜 이렇게 뇌에 대해 큰 관심을 보일까요? 단지 아직 정복하지 못한 대상에 대한 단순한 호기심 때문일까요? 그렇지 않습니다. 우리가 인간의 뇌를 연구해야만 하는 훨씬 더 중요한 이유가 있습니다. 여러 가지 이유가 있지만 여기서는 세 가지 정도만 소개하도록 할게요.

첫 번째 이유는 우리 뇌에 생기는 여러 가지 뇌 질환을 극복해야 하기 때문입니다. 아직도 우리는 많은 뇌 질환들이 왜 생겨나는지 모르고 어떻게 치료해야 할지도 모릅니다. 특히 나이가 들수록 더 쉽게 걸리는 치매 같은 퇴행성 뇌 질환은 평균 수명이 늘어나면서 큰 사회 문제가 되고 있습니다. 치매는 80세 이상 노인의 20퍼센트, 90세 이상 노인의 30퍼센트가 걸리는 심각한 뇌 질환이지만 치료할 수 있는 방법은 아직 없습니다.

두 번째 이유는 우리 뇌를 모방해서 새로운 인공 지능과 컴퓨터를 만들 수 있기 때문입니다. 우리 인간의 뇌는 아주 적은 양의 에너지를 쓰면서도 아주 뛰어난 인지 능력을 발휘할 수 있습니다. 인간의 오랜 진화 과정 동안 가장 효율이 높은 컴퓨터로 진화한 결과입니다. 따라서 인간 뇌의 작동 원리를 모방해서 새로운 인공지능이나 컴퓨터를 개발하면 적은 에너지로 더 뛰어난 성능을 구현할 수 있습니다. 하지만 아직은 우리 뇌의 작동 원리에 대해 잘 알지 못하기 때문에 더 많은 연구가 필요하겠죠.

세 번째 이유는 인간의 뇌에 대한 이해가 우리 사회와 문화에 큰 영향을 끼칠 수 있기 때문입니다. 예를 들어 볼까요? 남자와 여자의 뇌에 차이가 있을까? 인종에 따라 뇌가 다를까? 인간은 자유의지를 가지고 있을까? 노력하면 머리가 좋아질까? 이런 질문들에 대해 어떤 결론이 내려지느냐에 따라 다양한 사회적 문제가 생겨날 수도 있고 반대로 여러 갈등이 해결될 수도 있습니다.

이 정도면 우리가 뇌에 대해 관심을 갖고 연구해야 할 충분한 이유가 되었겠죠? 요즘 뇌과학에 관심을 가지는 학생들이 늘어나고 있다는 소식을 들을 때마다 저 같은 뇌과학자들은 아주 기쁘답니다. 그런데 시중에 뇌과학책들이 많이 쏟아져 나오고 있지만 정작 여러분 또래가 쉽게 읽을 수 있으면서도 충분한 깊이를 가진 뇌과학책은 찾기 어렵습니다. 아마 뇌과학은 물리나 화학, 생물처럼 중고등학교 교과 과정에서 배울 정도로 잘 확립된 학문이 아니기 때문인 것 같습니다.

이 책은 호기심 많은 여러분이 뇌에 대해 가질 법한 궁금증을 해소해 주기 위해 40개의 흥미로운 질문과 그에 대한 답으로 구성했습니다. 여러분의 눈높이에 맞추기 위해서 여러분 또래인 제 아이들(세은, 서준)이 많은 도움을 줬습니다. 최선을 다해 쓴 책이지만 잘 이해가 가지 않는 부분이나 잘못된 부분도 있을 수 있습니다. 그럴 때는 주저하지 말고 제 이메일(bmesignal@gmail.com)로 연락 주시길 바랍니다. 미래의 뇌과학자를 위해서라면 얼마든지 시간을 투자할 준비가 되어 있습니다.

자, 그럼 우리 함께 즐거운 뇌과학 세상으로 들어가 볼까요?

차례

2장
뇌의 생김새와 구조

3장
뇌가 하는 일

4장
변화하는 뇌

5장
뇌 기능이 떨어지면 어떻게 치료할까

6장

뇌를 어떻게 연구할까

1장

뇌가 궁금해

1

마음이 뇌에 있다고?

고대 그리스인들은 사람의 마음이 심장에 있다고 믿었습니다. 누구나 좋아하는 사람을 보면 '가슴이 뛰고', 슬픈 영화를 보면 '가슴이 아픈' 경험을 합니다. 우리 마음 상태에 따라 바뀌는 심장 박동을 느끼고 있노라면 마음이 심장에 있다는 생각을 할 수도 있겠죠. 과연 마음은 어디 있는 걸까요?

아리스토텔레스는 인간의 영혼이 심장에 깃들어 있다는 '심장 중심론'을 주장했지만, 그의 스승인 플라톤은 인간의 영혼이 뇌에 있다는 '뇌 중심론'을 주장했습니다. 그렇다고 플라톤이 특별히 과학적인 근거를 갖고 뇌 중심론을 주장한 것은 아니었습니다. 플라톤은 기하학적으로 완벽하다고 생각한 '구'와 뇌의 모양이 비슷해서 뇌가 우리 인체의 중심이라고 생각했던 것뿐이었죠.

아리스토텔레스는 그리스 왕의 주치의였던 아버지의 영향을 받아 의학에 상당한 조예가 있었지만 인간의 뇌는 그저 체온을 조절하는 속이 텅 빈 기관이라고 주장했습니다. 아리스토텔레스의 심장 중심론은 그가 세상을 떠난 뒤 500년이 지난 2세기까지도 대부분의 사람들에게 사실로 받아들여졌죠.

》 뇌는 신체 기관을 《 조절하는 중심

해묵은 논쟁에 종지부를 찍은 사람은 로마의 의학자 클라우디오스 갈레노스(129~200?)였습니다. 갈레노스는 염소나 돼지 같은 동물을 해부하는 방법으로 뇌를 연구했습니다. 이런 연구를 통해 뇌와 척수가 서로 연결되어 있다는 사실을 밝혔고, 뇌의 좌우 반구를 연결하는 뇌들보와 호르몬 분비를 조절하는 뇌하수체의 기능을 알아냈습니다. 사실 갈레노스의 최대 업적은 뇌가 신체 모든 기관의 활동을 조절하는 중요한 기관이라는 인식을 사람들에게 심어 줬다는 데 있습니다. 물론 위대한 철학자인 아리스토텔레스를 추종하던 사람들은 갈레노스가 백 권도 넘는 책을 써 낸 뒤에도 계속해서 심장 중심론을 믿었다고 합니다. 생각보다 사람들의 믿음은 그렇게 쉽게 변하지 않습니다.

지금은 누구나 사람의 마음이 뇌에 있다는 사실을 알고 있습니다. 우리가 보고 듣고 느끼는 감각 기관뿐만 아니라 심장의 조절이나 호흡, 대장의 활동까지도 모두 우리 뇌와 연결되어 있죠. 하지만 이런 다양한 뇌 기능이 밝혀진 것은 그리 오래되지 않았습니다. 과거에는 사고로 인해 뇌의 특정 부위가 손상되었거나 뇌 수술을 통해 특정 부위가 제거되었을 때 그 사람에게 나타나는 변화를 보고 그 부위가 하는 기능을 알아낼 수 있었습니다.

혹시 뇌과학 역사상 신경 과학자들보다 더 유명한 환자가 있다는 사실을 알고 있나요? 바로 헨리 몰래슨(1926~2008)이라는 미국의 기억 장애 환자입니다. 줄인 말로 H.M.이라고 알려져 있죠. H.M.은 1953년 갑작스러운 발작을 일으키는 뇌 질환인 '뇌전증*'을 치료하기 위해 뇌 수술을 받았습니다. 해마라는 기관을 포함하는 내측 관자엽을 절제하는 수술이었죠. 수술 뒤 H.M.의 발작은 멈췄지만 또 다른 문제가 발생했습니다. 새로운 경험을 기억하지 못하게 된 것입니다. 반면 수술 전에 일어난 사건들에 대한 기억이나 새로운 동작을 배우는 능력은 그대로였죠.

H.M.을 연구한 뇌과학자들은 새로운 경험을 기억하지 못하는 문제가 해마를 제거해서 발생했다는 사실을 알게 되었습니다. 해마는 바다에 사는 해마와 비슷하게 생겼다고 해서 붙은 이름입

니다. 뇌의 좌우에 한 쌍이 존재하는데 H.M. 이전에는 이 해마가 어떤 기능을 하는지에 대해 정확히 알지 못했죠. 뇌과학자들은 H.M.을 통해 해마가 단기 기억**을 장기 기억***으로 바꿔 주는 역할을 한다는 사실을 알게 되었습니다.

» 뇌의 활동을 « 영상으로 보는 시대

지금은 뇌과학을 연구하기 위한 새로운 도구들이 많이 개발되어서 더욱 쉽게 우리 뇌를 연구할 수 있게 되었습니다. 병원에서 사용하는 MRI라는 기계 들어 본 적 있죠? MRI는 Magnetic Resonance Imaging(자기 공명 영상)을 줄인 말로, 자기장을 이용해 우리 몸의 내부를 들여다볼 수 있게 해 주는 장치입니다.

1990년대 들어와서 이 장치를 이용하면 뇌의 정밀한 구조뿐만 아니라 뇌가 활동하는 모습도 영상으로 볼 수 있다는 사실을 알게 되었습니다. 이런 기술을 기능적 자기 공명 영상(functional MRI), 줄여서 fMRI라고 합니다. 살아 있는 사람의 뇌 활동을 영상으로 볼 수 있게 되면서 숨겨져 있던 뇌의 비밀들을 새롭게 밝혀

★ 경련과 의식 장애를 일으키는 발작이 반복적으로 일어나는 병.

★★ 경험한 정보가 몇 초 동안 의식 속에 유지되는 기억. 단기 기억에는 용량의 한계가 있는데, 숫자나 문자, 단어의 경우 약 7개 정도이다.

★★★ 용량에 제한이 없고 정보가 몇 분에서부터 평생 동안 보존되는 기억.

낼 수 있게 되었습니다. fMRI가 개발되고 20년 동안 밝혀진 뇌의 비밀이 그전 2천 년 동안 알아낸 것보다 열 배나 더 많다는 주장이 있을 정도입니다.

그럼 지금부터 우리의 마음이 사는 곳, 신비로운 뇌의 세계로 함께 여행을 떠나 볼까요?

2

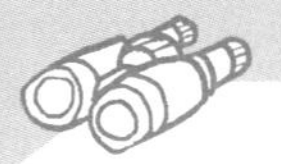

아인슈타인의 뇌는 더 특별할까?

역사상 가장 위대한 물리학자는 누구일까요? 어떤 이는 만유인력의 법칙을 발견한 아이작 뉴턴을 꼽을 것이고, 어떤 이는 전자기 법칙을 집대성한 제임스 맥스웰을 꼽을 겁니다. 하지만 질문을 좀 바꿔서 역사상 가장 위대한 '천재' 물리학자는 누구인지 묻는다면 대부분 알베르트 아인슈타인을 꼽지 않을까요?

시중에 넘쳐 나는 아인슈타인의 전기를 보면 아인슈타인은 어린 시절 선생님에게 공부를 못하는 아이로 찍혔다는 일화가 종종 등장하는데, 전혀 사실이 아니라고 합니다. 아인슈타인은 12세 때 독학으로 미적분을 공부했고, 17세 때 취리히 연방 공과 대학교에 진학했죠. 23세 때부터 특허청 심사관으로 일하며 자투리 시간에 연구를 계속해 26세에 그 유명한 특수 상대성 이론을 발표합니다. 같은 해 발표한 광전 효과 연구로 노벨 물리학상을 받았습니다.

» 아인슈타인의 뇌 표본으로 « 천재성을 연구하다

아인슈타인이 지능 지수(IQ) 검사를 받은 적은 없지만, 대략 160에서 180 사이가 아닐까 짐작해요. 아인슈타인은 1955년에 76세를 일기로 세상을 떠납니다. 그런데 부검을 맡은 병리학자 토머스 하비 박사는 아인슈타인의 뇌가 일반인들과 어떻게 다른지 너무 궁금했던 나머지 아인슈타인의 뇌를 몰래 빼돌립니다. 후에 아인슈타인의 유족이 뇌과학 발전을 위해 이를 받아들였다고 하죠. 하비 박사는 아인슈타인의 뇌를 방부제인 포름알데히드 병에 담고 240개의 표본으로 나누었습니다. 그리고 이 표본을 여러 뇌과학자들에게 보내 아인슈타인의 천재성이 어디에서 비롯된 것인지 밝히려고 했죠.

첫 번째 결과는 아인슈타인이 사망하고 20년이 지난 1975년에 발표되었고, 이후에 수많은 논문들이 쏟아졌습니다. 대부분의

연구는 천재성의 근원이 뇌의 어디에 있는가에 대한 호기심에서 이루어진 것들이었습니다.

아인슈타인의 뇌는 보통 사람의 뇌와 어떻게 달랐을까요? 아인슈타인의 뇌는 보통 성인 남성의 뇌보다 크기도 작고 무게도 가벼웠습니다. 뇌의 무게가 1.23킬로그램으로, 성인 남성의 평균인

1.4킬로그램에 미치지 못합니다. 지금은 뇌의 크기와 지능 지수가 비례하지 않는다는 사실이 널리 알려져 있지만 당시 뇌과학자들에게는 의외의 발견이었죠.

또 다른 연구 결과는 1985년 발표되었습니다. 토머스 하비 박사도 참여한 이 연구에서 아인슈타인의 뇌 4개 영역에서 신경 세포(neuron)★와 신경 교세포★★의 수를 세어서 비슷한 나이대에 사망한 11명의 남성 뇌와 비교했습니다. 그 결과 마루엽에 위치한 브로드만 영역 39에서 보통 사람의 뇌와 달리 신경 교세포의 수에 비해 신경 세포의 수가 적었습니다. 이 영역에서 신경 세포 하나당 더 많은 수의 신경 교세포가 있었다는 거죠. 뒤에서 다시 다루겠지만 신경 교세포는 학습과 인지 능력에 중요한 역할을 합니다. 또 영양분을 공급하고 신경 세포의 활동에도 도움을 주죠.

그 외에도 1999년에 발표된 연구에 따르면 아인슈타인의 뇌의 양쪽 마루엽에서 다른 사람들의 뇌와 조금 다르게 생긴 고랑이 관찰되었다고 합니다. 마루엽은 보통 공간 추론이나 수학적 능력에 관여한다고 알려져 있죠. 그런가 하면 2014년에는 좌뇌와 우뇌를 연결하는 뇌들보의 두께가 보통 사람들보다 더 두껍다는 연

★ 신경계의 기본 단위로, 뇌와 온몸의 기관을 연결하는 역할을 한다. 감각 신경 세포가 받아들인 정보를 뇌와 척수에 전달하고, 이 결과를 운동 신경 세포에 전달한다.

★★ 뇌와 척수에 있는 신경 세포에 필요한 물질을 공급하고, 활동하기 좋은 환경을 만들어 주는 기능을 하는 세포이다.

구 결과가 발표되기도 했습니다. 이는 좌뇌와 우뇌 사이의 정보 교류가 보통 사람들보다 더 활발했다는 것을 뜻합니다.

》비교할 만한《 다른 천재의 뇌가 없어

하지만 이런 연구들은 사실 중대한 오류를 포함하고 있습니다. 우선 '천재'를 대표하는 뇌는 단 하나뿐이었습니다. 아인슈타인은 분명 천재였지만, 천재의 뇌가 지닌 비밀을 밝히려면 아인슈타인뿐만 아니라 다른 천재들의 뇌도 함께 모아서 비교해야 합니다.

게다가 사람들의 뇌는 각각 독특한 특성을 갖고 있습니다. 모양도 조금씩 다르고 세포의 밀도나 구성도 조금씩 다릅니다. 예를 들면 캐나다의 맥길 대학 연구팀은 콜린 27이라는 이름의 MRI 데이터를 인터넷에 공개했는데, 이 영상은 콜린이라는 한 남성의 머리를 MRI로 무려 27번이나 촬영한 뒤에 평균을 내는 방법으로 만들어 낸 아주 깨끗한 뇌 영상입니다. 영상이 아주 선명해서 뇌의 구조를 연구하는 데 많이 쓰입니다. 그런데 콜린의 뇌는 다른 사람들의 뇌보다 뒤통수엽 끝부분이 약간 왼쪽으로 휘어져 있습니다. 오른쪽 반구가 왼쪽 반구보다 길이가 조금 더 길고요. 그렇다고 해서 콜린의 지적 능력이 다른 사람들과 특별한 차이가 있다는 보고는 없습니다.

200여 년 전 유럽에서 골상학이라는 학문이 인기를 끌었습니다. 머릿속을 마음대로 들여다볼 수 없던 시절, 두개골의 형태만 보고 뇌 기능의 발달 정도를 알아낼 수 있을 것이라는 생각이었죠. 한때는 학술지나 학회가 만들어질 정도로 번성했지만 불과 몇십 년 만에 유사 과학으로 취급받고 역사에서 사라졌습니다.

뇌의 형태를 분석해서 사람의 지적 능력을 판단하는 것은 어쩌면 21세기판 골상학의 부활일지도 모릅니다. 과연 뇌 영상을 분석해서 지적 능력이나 지능 지수를 알아내는 것이 인류에게 어떤 도움이 될까요? 만약 지능이나 뇌의 능력이 타고나는 것이라면 사람들이 노력을 덜하게 되지는 않을까요? 이처럼 뇌과학은 대중의 인식에 큰 영향을 끼치는 학문이기 때문에 그 연구가 초래할지 모르는 결과에 대해 깊은 고민을 하면서 발전시켜야 합니다.

3

음악을 들으면 정말 머리가 좋아질까?

한때 "모차르트 음악을 들으면 공부를 잘하게 된다"는 소문이 돌면서 모차르트 음반이 불티나게 팔린 적이 있었습니다. 이런 현상을 '모차르트 효과'라고도 불렀는데, 과연 모차르트 음악을 들으면 머리가 좋아져서 저절로 공부를 잘하게 될까요?

모차르트 효과의 기원은 약 30년 전으로 거슬러 올라갑니다. 1993년 미국의 프랜시스 라우셔 박사 연구팀은 36명의 대학생을 대상으로 세 가지 다른 조건에서 10분 동안 특정한 음악이나 소리를 듣게 한 뒤에 IQ 검사를 실시했습니다. 세 번 중 한 번은 모차르트 피아노 소나타 D장조를 들려주고, 또 한 번은 명상을 유도하는 사람의 목소리를, 나머지 한 번은 아무런 소리도 들려주지 않았죠.

그랬더니 IQ 검사 항목 중 하나인 공간 추론 검사에서 놀라운 결과가 나왔습니다. 명상 조건이나 조용한 조건에서는 평균 IQ가 각각 111, 110이었는데 모차르트 음악을 들려준 뒤에는 119로 크게 높아졌거든요. 하지만 이 효과는 오래가지는 않았고 대략 10분에서 15분 쯤 지난 뒤에는 원래대로 돌아왔습니다. 한마디로 잠시 동안 머리가 좋아졌다가 원래대로 돌아온 거죠.

》 음악을 들려주면 《
공간 추론 능력이 좋아져?

라우셔 박사의 연구 결과가 과학 학술지 〈네이처〉에 발표되자마자 거센 논란의 소용돌이에 휩싸였습니다. 논란의 가장 큰 원인은 라우셔 박사가 왜 '모차르트 효과'가 나타났는지에 대해 명쾌하게 설명하지 못했기 때문이었습니다. 연구팀은 뇌에서 음악 감상과 공간 추론 능력이 같은 경로를 이용하기 때문에 음악을 들은 것이 공간 추론을 잘할 수 있도록 뇌를 '워밍업'시키는 효과가 있었다고 설명했습니다. 달리기 선수가 트랙에 나오기 전에 충분한 워밍업(준비 운동)을 해서 몸을 달리기에 적합한 상태로 만드는 것과 마찬가지인 거죠. 얼핏 그럴듯해 보이는 설명입니다.

하지만 다른 연구 결과에 따르면 모차르트 음악은 기억력 향상에는 전혀 효과가 없었습니다. 똑같은 실험을 아이들에게 했을 때도 효과가 관찰되지 않았습니다. 그런가 하면 꼭 모차르트 음악만 들려줘야 하는가에 대해 다른 의견도 많았습니다.

라우셔 박사의 연구 결과에 대한 논란이 수그러들지 않았지만 이를 재빠르게 활용한 사람들도 있었습니다. 1998년 미국 조지아주의 주지사였던 젤 밀러는 조지아주에서 새로 태어나는 아이들에게 바흐와 모차르트 음악 시디(CD)를 선물로 주었습니다. 이 선물은 매년 10만 명에 이르는 조지아주 신생아에게 제공이 되었는데, 아마도 라우셔 박사의 연구가 대학생들을 대상으로 한 연구라는 사실을 몰랐던 것 같습니다. 물론 조지아주 아이들이 다른 주 아이들보다 더 똑똑하다는 연구 결과도 발표되지 않았죠.

》 음악을 들으면 《 뇌의 여러 영역이 동시에 활동해

하지만 뇌과학자들이 밝혀낸 확실한 사실은 음악을 들을 때 뇌의 많은 부분이 동시에 활동을 한다는 것입니다. 소리를 들을 때 쓰는 청각 영역뿐만 아니라 음악과 관련된 기억을 불러내는 해마와 음악에 담긴 감정을 느끼는 측좌핵, 편도체 등이 동시에 활동하죠. 특히 좋아하는 음악을 들을 때는 뇌에서 쾌감을 느끼게 하는 신경 전달 물질의 분비가 늘어납니다. 행복 호르몬으로 불리는 세로토닌이나 도파민도 그중 하나죠. 이제 음악을 들으면 왜 기분이 좋아지는지 알겠죠?

음악은 때로 마음의 병을 치유하는 '먹지 않는 약'으로 쓰이기도 합니다. 현대인이 많이 경험하는 정신 질환 중에 외상 후 스트레스 장애(post-traumatic stress disorder)라는 병이 있습니다. 큰 재해나 사고를 당한 뒤 일상생활 중에도 계속해서 그 기억에 사로잡혀 벗어나지 못하는 마음의 병이죠. 이 장애를 겪는 사람들은 아주 심한 정신적 스트레스를 경험합니다. 이때 상담사의 말 한마디보다 더 효과 있는 처방은 바로 음악을 듣는 것입니다. 음악을 들으면 뇌에서 고통을 감소시키는 신경 전달 물질인 엔케팔린이 분비되어 스트레스를 줄여 줍니다. 이뿐만 아니라 음악 치료가 우울증이나 자폐증에도 효과가 있다는 사실도 잘 알려져 있죠. 최근에는 '음악 치료사'라는 직업도 생겨났습니다.

음악을 들으면 정말 머리가 좋아지는지는 아직 확실히 밝혀지지 않았습니다. 하지만 음악이 우리 뇌의 건강을 지켜 주고 상처받은 뇌를 치료할 수 있다니 여러분들도 바로 지금 공부에 지친 뇌에게 음악 선물을 줘 보는 건 어떨까요?

4

왜 자꾸 초콜릿이 당길까?

초콜릿은 특유의 달달한 맛 때문에 인기가 있지만 먹을 때 느껴지는 행복감 때문에 초콜릿을 즐긴다는 사람도 많습니다. 초콜릿만큼 남녀노소 모든 이에게 사랑받는 음식이 또 있을까요? 초콜릿 말고도 달고 맛있는 음식은 얼마든지 많은데 왜 사람들은 유독 초콜릿에 열광하는 걸까요?

초콜릿의 역사는 중앙아메리카의 마야 문명이나 아즈텍 문명으로 거슬러 올라갑니다. 고대 마야인과 아즈텍인들은 카카오 열매를 갈아서 음료로 만들어 마셨습니다. 당시 초콜릿 음료는 달달한 맛보다는 쓴 맛에 가까웠다고 해요. 초콜릿이 지금처럼 달달해진 것은 콜럼버스가 카카오 열매를 스페인에 가져간 뒤 스페인 사람들이 카카오에 설탕을 섞기 시작하면서부터라고 합니다.

》 초코홀릭을 만드는 물질 《 페닐에틸아민

사람들이 초콜릿에 특별히 탐닉하는 이유를 밝히기 위해 많은 과학자들이 연구에 연구를 거듭했습니다. 시중에 판매되는 초콜릿에는 약 400여 가지의 화학 물질이 포함되어 있는데, 그 많은 물질들 가운데 어떤 물질이 초콜릿을 먹고 싶게 하는지를 알아내는 연구였습니다.

커피나 차, 초콜릿이 우리 뇌에 미치는 영향을 오랫동안 연구해 온 프랑스의 아스트리드 네리그 박사에 따르면 초콜릿을 먹었을 때 기분이 좋아지는 이유는 초콜릿에 포함된 트립토판과 페닐에틸아민 때문이라고 해요. 트립토판은 우리 몸에서 세로토닌을 합성하기 위해 반드시 필요한 필수 아미노산입니다. 세로토닌은 마음을 안정시키고 행복감을 느끼게 하는 신경 전달 물질로, '행복 호르몬'이라고도 불립니다. 그런데 트립토판은 초콜릿에만 들어 있는 것은 아니에요. 우리가 즐겨 먹는 돼지고기에도 풍부하게 들어 있답니다. 그러니까 트립토판 덕분에 기분이 좋아질 수는 있지만 '초코홀릭'의 원인은 될 수 없습니다.

그런데 페닐에틸아민이라는 물질은 조금 다릅니다. 이 화학 물질은 우리 몸 안에서도 분비되는데, 이성에 대한 사랑의 감정을 느낄 때 분비되는 호르몬으로 잘 알려져 있습니다. 몸에서 페닐에틸아민의 수치가 올라가면 맥박이 빨라지고 혈압이 상승하며 뇌에서 또 다른 행복 호르몬인 도파민의 분비를 촉진시켜 기분 좋은 상태를 유지시켜 줍니다. 그래서 이 물질을 '천연 사랑의 묘약'이라고 부르기도 합니다.

초콜릿은 지구상에 있는 음식 중에서 페닐에틸아민이 가장 많이 들어 있다고 해요. 100그램의 초콜릿에는 무려 50~100밀리그램의 페닐에틸아민이 들어 있어요.

》 중독성 있는 마약과 《 분자 구조가 비슷해

페닐에틸아민은 강력한 각성 효과를 나타내는 암페타민이라는 신경 흥분제와 비슷한 분자 구조를 가지고 있습니다. 암페타민은 맥박과 혈압을 상승시키고 사람을 들뜨게 하죠. 그런데 이 암페타민은 중독성이 있어서 마약류로 분류됩니다. 그러니 어찌 보면 초콜릿은 누구에게나 허용된 마약이라고도 할 수 있을 것 같아요.

이처럼 우리 뇌에는 여러 가지 신경 전달 물질인 호르몬이 분비되고 있고 이런 호르몬의 변화가 우리의 기분과 감정 상태를 바꿔 줍니다. 초콜릿은 우리 뇌에서 행복 호르몬을 분비하는 것을 도와주지만 무엇이든 지나친 것은 좋지 않습니다. 초콜릿에는 각성 효과를 내는 카페인뿐만 아니라 성인병이나 비만에 좋지 않은 지방과 당도 많이 포함되어 있으니까요. 여러분의 건강을 위해 초콜릿은 꼭 적당한 양만 즐기길 바랄게요.

5

뇌의 10퍼센트밖에 못 쓰고 산다고?

영화 〈리미트리스〉를 보면 인간은 원래 뇌를 10퍼센트밖에 쓰지 못하지만, 주인공은 특별한 약을 복용해 뇌를 100퍼센트 사용할 수 있게 된 뒤에 순식간에 새로운 언어를 익히고, 보고 들은 것을 다 기억할 수 있다는 설정이 등장합니다. 뇌과학 강연을 하면서 가장 많이 받는 질문도 "왜 사람은 뇌의 10퍼센트밖에 못 쓰는 걸까요?"입니다. 정말 그럴까요?

이 질문에 답부터 말하자면 '전혀 근거 없는 소리'입니다. 인간은 이미 뇌를 100퍼센트 사용하고 있습니다. 뇌의 어떤 영역을 특별히 더 많이 쓴다거나 덜 쓰는 경우는 있을 수 있지만 우리의 뇌에서 쓰지 않는 부분은 없습니다.

이 '10퍼센트 이론'이 어디서 시작되었는지는 확실하지 않지만 fMRI를 이용해서 촬영한 우리 뇌 활동 영상을 보면 대략 뇌 전체 면적의 10퍼센트 정도만 활동하는 것처럼 보입니다. 그래서 이런 잘못된 속설이 널리 퍼지게 된 것일지도 모르겠네요. 사실 fMRI가 영상을 찍을 때, 상대적으로 큰 값을 가지는 영역만 선택해서 보여 주거든요. 활동을 하지 않는 것처럼 보이는 뇌 영역도 사실은 미약하지만 활동을 하고 있다는 얘기입니다.

》뇌는 전체 에너지의《 20퍼센트를 사용해

그럼 미약한 뇌 활동은 무시할 수 있다고 가정해 봅시다. 그러면 특정한 시점에서는 전체 뇌 영역의 10퍼센트만 쓰고 있다고 할 수 있겠죠. 그렇다면 과연 영화 〈리미트리스〉에서처럼 전체 뇌 영역이 동시에 활동할 수 있을까요?

우리의 뇌는 유한한 에너지를 이용해서 작동합니다. 전기 에너지로 환산해 보면 50센티미터 길이의 형광등을 겨우 켤 정도의 작은 에너지이지만 뇌는 우리 몸 전체가 사용하는 에너지의 무려 20퍼센트 가량을 쓰고 있습니다. 만약 평상시에 우리는 뇌를 10

퍼센트만 쓴다고 가정해 볼까요? 영화 주인공처럼 뇌의 100퍼센트를 사용하려면 우리 몸 전체가 쓰는 에너지의 2배가 필요합니다. 뇌를 100퍼센트 쓰려고 에너지를 전부 가져가 버리면 심장은 어떻게 뛰고 팔다리는 어떻게 움직일까요?

이번에는 조금 다른 측면에서 살펴볼까요? 원숭이 뇌의 운동 영역에 바늘 모양의 전극을 촘촘하게 찔러 넣으면, 원숭이가 팔을 움직일 때의 신경 세포 활동 패턴을 관찰할 수 있습니다. 그런데 미국의 뇌과학자인 미겔 니코렐리스는 원숭이 실험 과정에서 재미난 현상을 발견했습니다. 원숭이는 똑같이 오른팔을 움직이는데 매일매일 활동하는 신경 세포의 패턴이 조금씩 달랐던 겁니다. 예를 들어 첫날에는 1번, 5번, 12번, 32번 신경 세포가 활동을 했다면 다음 날에는 2번, 8번, 19번, 55번 신경 세포가 활동을 하는 식이죠. 대체 똑같은 행동을 하는데 왜 반응하는 신경 세포는 매번 달라지는 걸까요?

》 뇌를 동시에 《
100퍼센트 쓸 순 없어

뇌과학자들은 이런 현상을 일종의 뇌의 자기 보호 메커니즘이라고 설명합니다. 만약에 어떤 사람이 오른팔을 들어 올리는 데 필요한 신경 세포가 1번, 5번, 12번, 32번밖에 없는데 갑자기 사고로 12번 신경 세포가 죽어 버렸다고 칩시다. 그러면 그때부터 그 사람은 더 이상 오른팔을 들어 올리지 못하게 되는 거죠. 그런데 오른팔을 들어 올릴 수 있는 신경 세포 패턴이 이것 외에도 2번, 8번, 19번, 55번도 있고 7번, 12번, 67번, 99번도 있다면 12번 신경 세포가 없어지더라도 다른 패턴을 이용해서 오른팔을 문제없이 들어 올릴 수 있게 되는 겁니다.

언뜻 비효율적으로 보일 수도 있지만 한번 죽은 신경 세포는 다시 살아날 수 없기 때문에 뇌에서는 당연히 이런 보호 장치가 필요하겠죠. 결국 우리 뇌가 어떤 기능을 하기 위한 신경 세포의 조합을 중복해서 여러 개 만들어 두었기 때문에 동시에 뇌의 100퍼센트를 쓰는 것은 애초부터 불가능한 일입니다.

여기서 오해하면 안 되는 게 동시에 100퍼센트를 쓰지 않는다는 것이지, 우리 뇌의 일부 즉 10퍼센트만 쓴다는 이야기는 절대 아니라는 겁니다. "인간은 뇌의 10퍼센트밖에 쓰지 않는다"라는 말은 노력을 통해 우리 뇌를 더욱 발달시킬 수 있으니 그만큼 뇌를 쓰기 위해 더욱 노력하라는 뜻 정도로 받아들이면 될 것 같습니다.

6

꿈을 저장할 수 있을까?

생각이나 꿈을 영상으로 재생하거나 녹화할 수 있을까요? 뇌의 모든 부분에 미세 바늘을 꽂고 측정된 신경 신호를 금속 막대를 통해 컴퓨터로 전달하면 뇌에서 일어나는 모든 활동을 읽어 낼 수 있겠지만 미세 바늘 이식 수술은 아주 위험합니다. 이 방법 말고 꿈을 읽거나 저장하는 방법이 또 있을까요?

1997년, 미국의 뇌과학자 양 댄 교수는 뇌과학 역사에 길이 남을 실험에 도전합니다. 댄 교수는 고양이의 시각 중추 중에서 시각 신호가 가장 먼저 도착하는 부위인 외측 슬상핵에 있는 신경 세포 하나하나가 고양이의 망막에 맺히는 이미지의 서로 다른 위치에 대응된다는 사실에 주목했습니다. 다시 말해서 눈앞에 펼쳐진 장면이 작은 화소(점)들로 구성되어 있다면 이 작은 화소 하나하나가 외측 슬상핵에 있는 신경 세포에 일대일 대응이 되는 것이죠.

》 눈앞에 보이는 장면을 《 영상으로 복원할 수 있다고?

댄 교수는 시각 위상이라고 불리는 이 특성을 이용하면 외측 슬상핵에서 읽어 들인 신경 세포의 활동 신호로 고양이가 지금 보고 있

는 장면을 영상으로 만들어 낼 수 있을 거라고 생각했습니다. 그래서 연구원인 개럿 스탠리 박사와 함께 고양이의 외측 슬상핵에 177개의 바늘 전극을 꽂고 고양이가 보고 있는 장면을 복원하려는 시도를 했죠.

결과는 어땠을까요? 놀랍게도 고양이에게 보여 준 영상과 비슷한 형태의 영상이 실제로 만들어졌답니다.

댄 교수의 연구 결과가 발표되자 많은 뇌과학자들은 경악을 금치 못했습니다. 왜냐고요? 그녀의 연구 결과는 인간의 시각 중추에 전극을 집어넣어 신경 세포의 활동을 기록하면 꿈을 기록하는 것도 이론적으로 가능하다는 것을 의미했기 때문입니다. 물론 꿈을 저장하려고 자신의 두개골을 열어 뇌에 전극을 삽입하는 위험한 수술에 도전할 사람은 없을 겁니다. 꿈을 저장할 수 있다고 해도 실제로는 별 쓸모가 없을 가능성이 높기 때문이죠.

그래도 사람의 꿈을 기록해 보고 싶은 뇌공학자들은 fMRI를 이용해 우리가 꿈에서 보고 있는 장면을 영상으로 만들고 기록하려는 시도를 했습니다. 맨 처음 이런 시도를 한 사람은 댄 교수와 같은 학교에 있는 잭 갈란트 교수였습니다. 2011년 갈란트 교수 연구팀은 MRI 안에 누워 있는 피실험자에게 여러 개의 동영상을 보여 준 다음, fMRI 반응 패턴을 읽어서 지금 보고 있을 가능성이 가장 높은 장면들을 골라냈습니다. 그런 다음에 이 장면들을 합성해 보았죠. 그랬더니 놀랍게도 피실험자가 보고 있는 장면과 비슷한 윤곽의 영상이 만들어지는 게 아니겠어요?

갈란트 교수의 연구가 발표되고 2년이 지난 2013년에 드디어 일본 연구팀이 fMRI를 이용해서 꿈을 읽어 내는 데 성공합니다. 이 실험에는 딱 3명만 참가를 했어요. 아주 어려운 실험이었기 때문이죠. 시끄럽고 좁은 MRI 기계 안에서 잠을 재우고 꿈을 꾸게 한 다음, 참가자를 흔들어서 깨우는 겁니다. 보통 사람이라면 잠이 들기조차 쉽지 않을 텐데 이 세 명의 피실험자들은 7~10번의 실험에 참가해서 실험 때마다 30~40번 자다 깨다를 반복했다고 합니다.

잠에서 깬 피실험자는 자신이 깨기 직전에 꿈에서 봤던 장면을 말로 설명했습니다. 그러고 난 뒤 꿈을 꿀 때 촬영한 fMRI를 분석해서 찾아낸 이미지가 꿈을 설명하는 말에 실제로 포함되어 있는지를 확인했죠. 예를 들어 피실험자가 "제가 의자와 침대 사이에 열쇠를 숨겼는데 어떤 사람이 그걸 갖고 갔어요."라고 설명했는데 fMRI로부터 찾아낸 이미지에 의자, 침대, 열쇠, 사람이 있으면 꿈을 정확하게 읽어 낸 것으로 봤습니다. 실제로 책이나 전자 제품, 길거리, 사람 등을 70퍼센트가 넘는 정확도로 맞췄다고 합니다.

» 쓸 데도 없는 꿈을 « 굳이 연구하는 이유는?

이처럼 꿈을 읽어 내려는 노력에도 불구하고 많은 뇌과학자들은 꿈을 읽는 연구에 곱지 않은 시선을 보냅니다. "꿈을 읽어 봤자 실제로 써먹을 데도 없는데 왜 쓸데없는 연구에 시간과 노력을 들이느냐"는 아주 현실적인 비판입니다. 물론 연구자들을 옹호하는 입장도 있습니다. 꿈을 읽어 내는 목표를 달성하는 과정에서 새로운 분석 방법이 개발될 수도 있고 새로운 아이디어가 나올 수도 있으니까요.

저는 이런 연구가 절대 시간 낭비가 아니라고 생각합니다. 제가 박사 과정 학생이던 시절, 한 일본 대학원생이 비대칭 형태의 전기 모터를 개발했다고 발표한 적이 있습니다. 그 모터는 에너지 효율은 아주 높았지만 비대칭 형태 때문에 진동이 아주 심했죠. 저는 그 학생에게 왜 이런 비실용적인 연구를 하느냐는 질문을 던졌습니다. 그런데 그 학생의 답을 듣는 순간 망치로 머리를 한 대 맞은 것처럼 멍해졌어요. 그가 "중력이 없는 우주에서 쓰면 되죠"라고 답했거든요.

지금처럼 꿈을 기록하려고 좁고 불편한 MRI 기계 안에서 잠을 자는 것은 그다지 현실성이 없어 보이지만, 미래에는 안방에 놓인 침대에서 뇌 활동을 관찰할 수 있는 기계가 나올지 누구도 모르는 일입니다.

7

인간의 지능이 높은 까닭은?

흔히 '인간은 만물의 영장'이라고 합니다. 만물의 우두머리라는 뜻으로, 적어도 지금 이 지구를 장악하고 있는 존재가 인간이라는 사실은 부인할 수 없습니다. 호모 사피엔스종이 어떻게 지구라는 행성의 운명을 좌지우지하는 존재가 되었을까요?

사자나 호랑이보다 힘도 약하고 빠르지도 않으면서 덩치도 작은 인류가 지구라는 행성의 운명을 좌지우지하는 존재가 될 수 있었던 이유는 뭘까요? 그건 인간이 다른 동물들보다 더 높은 지적 능력을 가지고 있기 때문일 겁니다.

그렇다면 인간은 왜 다른 동물들보다 지능이 높은 걸까요? 가장 먼저 생각해 볼 수 있는 가능성은 인간의 뇌가 다른 동물에 비해 크다는 것입니다. 실제로 인간의 뇌는 인간보다 몸집이 훨씬 더 큰 동물인 소나 얼룩말에 비해서도 크기가 큽니다. 하지만 뇌의 절대적인 크기로 지능이 결정된다면 인간보다 더 큰 뇌를 가진 코끼리가 인간보다 더 똑똑해야 합니다. 하지만 잘 알다시피 전혀 그렇지 않죠.

» 뇌가 크거나 무겁다고 « 더 똑똑한 건 아니야

그다음으로 생각해 볼 수 있는 가능성은 인간의 뇌는 몸무게에 비해 상대적으로 무겁다는 것입니다. 침팬지는 평균 50킬로그램의 몸무게를 갖고 있지만 뇌의 무게는 불과 400그램밖에 안 되죠. 반면에 70킬로그램의 몸무게를 가진 성인 남성의 뇌 무게는 1.4킬로그램이나 나갑니다.

뇌의 질량과 신체 질량의 비율을 '뇌-신체 질량비'라고 부르는데, 인간은 이 비율이 1:40으로 쥐와 비슷합니다. 참새 같은 작은 새는 1:12로 인간보다 비율이 더 큽니다. 이 비율이 가장 높은 동물은 다름 아닌 개미입니다. 개미의 뇌–신체 질량비는 무려 1:7입니다. 몸무게의 7분의 1이 뇌라는 얘기죠. 인간이 속해 있는 포유류 중에서는 나무두더지가 이 비율이 가장 큽니다. 1:10으로, 뇌가 몸무게의 10퍼센트나 차지하고 있죠. 그러니 몸에 비해 뇌가 차지하는 비중이 크다고 해서 더 똑똑한 건 분명히 아닙니다.

인간의 뇌가 다른 동물들보다 주름이 많이 져 있어서 더 똑똑한 것이라는 이야기는 누구나 한 번쯤 들어 본 적 있을 겁니다. 뇌과학 연구에서 많이 다루는 동물인 쥐, 토끼, 고양이의 뇌는 실제로 인간의 뇌보다 주름이 훨씬 적습니다. 하지만 얼룩말이나 코끼리는 인간의 뇌와 비슷한 정도의 주름을 갖고 있고, 돌고래의 뇌는 인간의 뇌보다 주름이 훨씬 더 많이 져 있습니다. 다시 말해 주름이 많다고 해서 더 똑똑한 것은 아니라는 거죠.

그렇다면 인간 뇌의 어떤 측면이 이런 차이를 만들어 내는 걸까요? 쥐의 뇌는 뇌 연구에 많이 활용되지만 쥐의 뇌와 인간의 뇌를 비교해 보면 확연하게 차이가 나는 부분은 의외로 신경 세포가 아니라 비신경 세포입니다. 앞에 등장했던 '신경 교세포'라고도 불리는 비신경 세포는 학습이나 인지 과정에서 무척 중요한 역할을 합니다.

이뿐만이 아닙니다. 쥐를 포함한 설치류의 뇌와 인간의 뇌를 비교해 보면 인간 뇌에 있는 신경 세포의 밀도가 훨씬 더 높다는 것을 알 수 있습니다. 같은 면적에 더 많은 신경 세포가 들어 있다는 뜻이죠.

인간과 비슷하다고 하는 유인원의 뇌와 인간의 뇌를 한 번 비교해 볼까요? 유인원도 인간만 갖고 있을 것 같은 능력을 생각보다 많이 갖고 있습니다. 예를 들면 침팬지는 공정함을 느낄 수 있고, 전쟁을 벌이기도 합니다. 그런가 하면 2015년 영국의 크리스토퍼 펫코브 교수 연구팀은 짧은꼬리원숭이의 뇌에는 인간과 비슷한 언어 처리 영역이 있다는 사실을 밝혀내기도 했습니다. 비록 인간의 언어 능력에 비할 바는 아니지만요. 하지만 유인원은 화성에 우주선을 쏘아 보내거나 고속 철도를 만들어 내지 못합니다.

그럼 지적인 능력의 차이는 어디에서 생기는 걸까요? 브라질의 뇌과학자 수자나 에르쿨라누호젤 교수는 뇌세포의 개수를 세려고 개발한 염색 기법을 사용해 뇌 부위별로 신경 세포와 비신경 세포의 개수가 어떻게 다른지 알아보았습니다. 그녀가 발견한 사실은 뇌 질량의 80퍼센트를 차지하는 대뇌에는 163억 개의 신경 세포와 608억 개의 비신경 세포가 있는 데 반해, 뇌 질량의 단 10퍼센트에 지나지 않는 소뇌에는 무려 690억 개의 신경 세포와 160억 개의 비신경 세포가 있다는 것이었습니다. 뇌의 나머지 영역에 있는 신경 세포와 비신경 세포는 불과 7억 개와 77억 개에 지나지 않았습니다.

》 음식을 익혀 먹은 뒤 《
소화에 쓰던 에너지를 뇌에 써

흥미로운 발견은 여기서 끝나지 않았습니다. 유인원의 뇌에도 똑

같은 방법을 적용해 보았는데 놀랍게도 유인원의 뇌 부위별 신경 세포와 비신경 세포의 비율이 인간의 비율과 거의 같다는 사실을 발견합니다. 이 말은 유인원에서 인간으로 진화하면서 뇌의 형태나 구조가 변한 것이 아니라 단지 크기만 커졌다는 것을 뜻하는 것입니다.

인류학자들은 인간이 불을 사용하고 음식을 조리해서 먹기 시작하면서 날것으로 먹을 때보다 더 적은 에너지로 소화를 시킬 수 있게 되니 자연스럽게 남는 에너지를 뇌에 쓸 수 있게 되어 뇌가 급격하게 발달했다고 주장합니다.

결국 직립 보행과 도구의 사용, 불의 발견, 음식 조리, 그리고 뇌의 발달, 이 모든 진화 과정이 우리 인간을 다른 동물들보다 똑똑하게 만들고 '만물의 영장'으로 키워 낸 것이죠.

영화 속 뇌과학1-<리미트리스>

하루에 외국어를 하나씩 익히고
하루 만에 피아노를 마스터하고
자자자쟝~
장장장 쟝~

주식 투자를 해서 엄청난 부자가 되거든. 그 약은 바로 뇌를 100% 쓰게 해 주는 약이었어.
100%

약이 거의 떨어지고 기억이 사라지는 부작용도 나타나는 등 위기도 발생하지만 결국엔….
극복

으이구! 우리 뇌는 평소에도 100% 다 쓰고 있다고. 영화는 영화일 뿐!
꽁!
아얏! 이거 먹고 시험 100점 맞으려고 했는데.
그럼 엄마는 왜 이 약을 먹는 건데?

앗? 왜 이러지? 갑자기 배가….
그건 엄마 변비약이니까. 운동 안 하고 맨날 앉아서 연구만 했더니 요즘 영….
어서 화장실 다녀와.
부글
부글
부글

응? 오히려 화장실에서 공부가 잘 되는걸?
푸다다다다!

2장

뇌의 생김새와 구조

8

우리 뇌는 어떻게 생겼을까?

'머리를 때리면 뇌세포가 죽어서 머리가 나빠진다'는 말을 들어 본 적이 있을 겁니다. 정말 그럴까요? 사실 웬만한 충격은 뇌까지 전달되지 않습니다. 뇌의 바깥에는 뇌척수액이 들어 차 있어서 충격을 흡수하고, 또 딱딱한 두개골도 자리하고 있거든요. 그것도 모자라 머리카락으로 덮인 두피가 충격을 한 번 더 흡수합니다. 왜 뇌는 몸의 다른 기관과 달리 2중, 3중으로 보호를 받는 걸까요?

인간의 뇌 무게는 성인 남성을 기준으로 약 1.4킬로그램이라고 했죠? 이는 성인 몸무게의 2퍼센트 정도에 불과합니다. 하지만 뇌는 인체가 사용하는 산소의 20퍼센트를 쓰고, 심장에서 내보내는 혈액의 15퍼센트를 공급받습니다. 뇌에서 뻗어 나온 신경 섬유 다발은 머리끝에서 발끝까지 온몸 구석구석 미치지 않는 곳이 없습니다. 그래서 발가락 끝에 작은 가시가 박혀도 아픔을 느낄 수 있죠.

인간의 뇌는 크게 대뇌, 소뇌, 뇌간으로 나눌 수 있습니다. 대뇌는 우리가 흔히 '뇌' 하면 떠올리는, 주름이 많이 져 있고 뇌의 대부분을 차지하는 큰 기관입니다. 얼핏 보면 호두와 비슷하게 생겼습니다. 대뇌는 좌반구와 우반구로 나뉘어 있고 그 둘은 '뇌들보'라는 구조를 통해 연결되어 있죠.

대뇌는 우리 신체의 감각과 운동을 통제할 뿐만 아니라 기억이나 판단과 같은 정신 활동에서 중심적인 역할을 합니다. 위치에 따라 이마엽, 관자엽, 마루엽, 뒤통수엽으로 구분하기도 합니다.

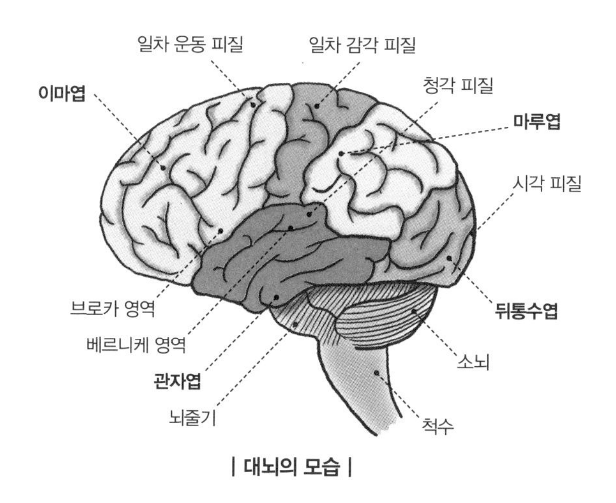

| 대뇌의 모습 |

》대뇌의 주름을 펼치면《 면적이 세 배 늘어

대뇌에는 주름이 많이 져 있는데, 밖으로 볼록 튀어나온 부분을 이랑, 안으로 접혀 들어간 부분을 고랑이라 합니다. 인간 외에도 코끼리, 돌고래, 침팬지 등의 뇌에도 주름이 있습니다.

그런데 뇌는 왜 주름이 져 있을까요? 뇌를 구성하는 요소들 중에 가장 중요한 것은 '신경 세포'입니다. 그런데 대뇌에서는 신경 세포 대부분이 피질(겉질)이라고 하는 얇은 겉껍데기에 모여 있습니다. 따라서 뇌에 주름이 져 있으면 겉면적이 넓어져서 더 많은 신경 세포를 가질 수 있죠. 실제로 주름진 뇌는 주름이 없는 뇌보다 겉면적이 3배 정도 넓다고 합니다. 뇌의 크기를 키우지 않고도 더 똑똑해질 수 있도록 진화한 거죠.

우리는 뇌가 신경 세포의 집합이라고 알고 있습니다. 하지만 신경 세포보다 더 많은 숫자의 세포가 있습니다. 바로 '신경 교세포'입니다. 신경 교세포는 신경 세포와 달리 스스로 활동하는 전류를 만들어 내지 못합니다. 겉보기에는 아무런 활동을 하지 않는 것처럼 보이죠. 그래서 신경 과학자들의 관심에서 오랫동안 멀어져 있었습니다. 연구자들은 '신경 세포도 아직 잘 모르는데 무슨 가만히 있는 신경 교세포 따위를 연구해?'라고 생각했던 거죠. 불과 20년 전만 하더라도 대부분의 교과서에 신경 교세포는 신경 세포를 붙들어 고정시키는 역할을 한다고만 나와 있었습니다.

그런데 신경 세포를 굳이 살아 있는 세포로 고정시킬 필요가

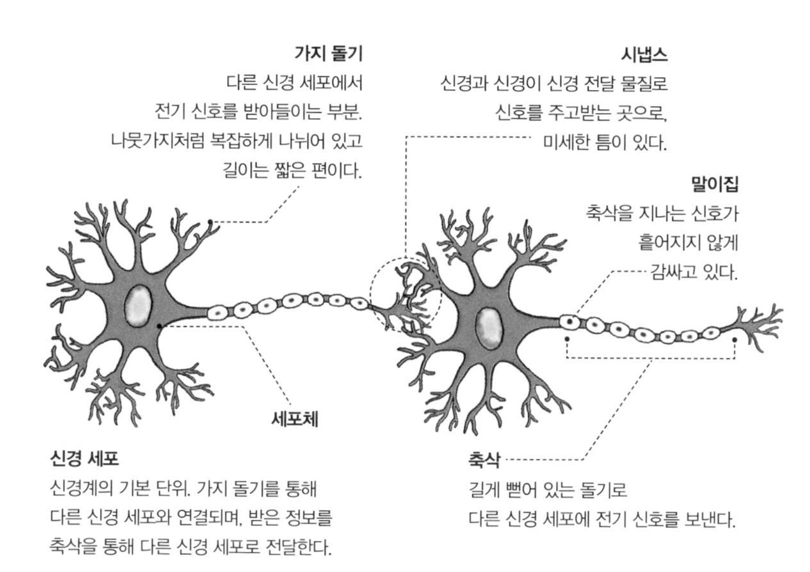

| 신경 세포의 모습 |

있을까요? 신경 교세포도 뇌에서 중요한 역할을 한다는 사실이 최근 들어서 하나둘 밝혀지기 시작했습니다. 신경 교세포는 신경 세포에 영양분을 공급하기도 하고 신경 세포 사이의 신호 전달이 잘 이뤄질 수 있도록 보조하는 역할도 합니다. 그러니 신경 교세포는 신경 세포라는 왕을 보필하는 신하들이라고 생각하면 될 것 같습니다.

그래도 우리 뇌의 가장 중요한 구성 요소는 신경 세포입니다. 우리 뇌 속 신경 세포의 활동이 우리의 감각, 인지, 기억, 운동을 만들어 내니까요. 하나의 신경 세포는 다른 신경 세포들과 매우 복잡한 네트워크를 이루며 연결되어 있습니다. 가까이에 있는 신경 세포들은 시냅스라는 좁은 틈을 두고 연결되어 있습니다. 신경 세포가 활동하면 활동 전위라는 미세 전류가 발생합니다. 활동 전위는 신경 세포 내에서 퍼져 나가다가 시냅스에 도달하면 신경 전달 물질을 분비해서 다른 신경 세포로 정보를 전달합니다.

》 뇌는 신경 세포의 《
네트워크로 이루어져 있어

멀리 떨어져 있는 신경 세포들은 신경 섬유로 연결되어 있습니다. 신경 세포가 대뇌 피질에 모여 있기 때문에 흔히 대뇌의 안쪽은 비어 있을 거라고 생각하기 쉬운데, 사실 대뇌 안쪽은 멀리 떨어져 있는 신경 세포들을 서로 연결하는 신경 섬유 다발들로 가득

차 있습니다. 그래서 신경 섬유를 '정보의 고속도로'라고 부르기도 합니다. 뇌의 단면을 보면 신경 세포가 위치한 피질은 약간 회색을 띠고 있어 회백질이라 부르고, 신경 섬유가 위치한 안쪽은 흰색을 띠고 있어 백질이라 부릅니다.

소뇌는 대뇌 뒷부분 아래에 붙어 있는 작은 기관으로, 주로 감각이나 운동에서 대뇌를 보조하는 역할을 합니다. 뇌간은 다시 간뇌, 중뇌, 교뇌, 연수 네 부분으로 나뉘는데 다양한 감각이나 운동 정보를 전달하고 신경 전달 물질을 조절하거나 심장 박동, 호흡 등 생존에 필요한 기본적인 신체 활동을 조절합니다.

뇌의 구조는 정말 복잡하고 어렵죠? 하지만 뇌를 이해하기 위해 반드시 알아야 할 부분이니 꼭 기억해 두세요.

9

뇌 세포의 개수를 셀 수 있다고?

생물학이나 의학의 역사를 공부하다 보면 종종 예쁜꼬마선충이라는 이름을 만납니다. 이 선충은 1밀리미터 길이의 선형동물로, 토양 속 박테리아를 먹고 살아갑니다. 수명은 고작 2~3주밖에 되지 않는 지극히 평범한 생명체죠. 그런데 왜 이 선충의 이름이 자주 등장할까요?

예쁜꼬마선충은 배양이 쉽고 구조가 단순한 데다 몸체가 투명해 관찰하기 쉽습니다. 그 덕분에 유전 공학, 노화 의학, 뇌과학 같은 다양한 분야에서 실험 대상으로 많이 사용되어 왔습니다. 예쁜꼬마선충을 연구한 과학자들 중에는 노벨상 수상자도 여럿 있죠. 인간이 이 선충에게 받는 것이 많은 데 반해 해 줄 것은 딱히 없으니 이름이라도 예쁘게 지어 주자 해서 이런 이름이 붙은 것 같습니다. 라틴어 학명 Caenorhabditis elegans도 정말 예쁘지 않나요? 아주 '우아한(elegant)' 이름이죠.

» 신경망 지도를 그려 «
신경 세포의 기능과 연결성을 밝혀

예쁜꼬마선충 암컷의 몸에는 신경 세포가 딱 302개 있습니다. 신기하게도 개체에 관계없이 항상 일정하게 302개의 신경 세포가 존재합니다. 이걸 어떻게 알아냈느냐고요? 영국의 생물학자 존 화이트 교수는 1986년에 예쁜꼬마선충을 딱딱하게 굳힌 뒤 8천 등분으로 얇게 자른 다음, 전자 현미경으로 들여다보면서 일일이 모든 신경 세포와 시냅스의 위치를 그려 신경망 지도를 만들었습니다. 완벽한 신경망 지도를 만드는 데 무려 13년이나 걸렸다고 해요. 예쁜꼬마선충은 지금까지 지구상에 존재하는 다세포 생물 중에서 모든 신경 세포의 기능과 연결성이 밝혀진 유일한 생명체입니다.

사람의 뇌에는 예쁜꼬마선충보다 몇억 배나 많은 신경 세포

가 자리 잡고 있습니다. 더구나 사람들마다 신경 세포의 수나 뇌의 형태가 조금씩 다릅니다. 예쁜꼬마선충처럼 죽은 사람의 뇌를 얇게 잘라 현미경으로 들여다보면 신경 세포를 관찰할 수는 있겠지만 수가 너무 많아서 일일이 세는 것은 불가능합니다. '도대체 인간 뇌에 신경 세포가 몇 개인지 세는 게 왜 중요할까?'라고 생각할 수도 있겠지만, 세상에는 궁금한 것을 못 견디는 사람들이 아주 많거든요. 밤하늘에 별이 몇 개나 있을까 궁금해하는 것과 비슷한 심리라고 생각하면 될 것 같아요.

수십 년 전부터 뇌과학자들 사이에서는 우리 뇌 속 신경 세포의 수가 1,000억 개 쯤 된다는 것이 정설처럼 받아들여졌어요. 그런데 재미난 사실은 이 수에 대한 근거를 전혀 찾을 수가 없다는 거예요. 누가 처음 얘기했는지도 모르고 학술지에 논문으로 게재된 적도 없어요. 그런데 이후에 많은 연구자들이 발표한 결과가 이 수와 크게 다르지 않았습니다. 대략 750억 개에서 1,250억 개라고 보고되었죠.

과거에는 뇌의 신경 세포를 세려면 먼저 인간의 뇌를 딱딱하게 굳힌 뒤 얇게 자른 단면을 현미경으로 관찰해서 신경 세포의 밀도를 계산했습니다. 단위 면적당 몇 개의 신경 세포가 있는지 알 수 있으면 이 밀도에 전체 뇌의 면적을 곱해서 대략적인 신경 세포의 개수를 알아낼 수 있겠죠. 문제는 이 밀도가 뇌 전체적으로 일정하지 않다는 데 있습니다. 예를 들어 소뇌는 질량이 뇌 전체 질량의 10퍼센트밖에 안 되지만 우리 중추 신경계에 있는 전체 신경 세포의 절반이 있습니다. 더구나 신경 세포들은 아주 조밀하게 모여 있고 서로 복잡하게 얽혀 있어서 눈으로 일일이 개수를 세는 것은 무척 어렵습니다.

》뇌 속 신경 세포의《
핵의 수가 신경 세포의 수

그러다가 2009년, 앞서 등장했던 브라질의 뇌과학자 수자나 에르쿨라누호젤 교수가 새로운 방법으로 인간 뇌의 신경 세포 수를 세는 데 성공했습니다. 그녀의 연구팀은 우선 뇌에 있는 세포막을 용해시켜 균일한 용액을 만들었습니다. 그런 다음에 각 세포의 핵을 염색하는데, 신경 세포와 비신경 세포가 서로 구별되도록 염색합니다. 하나의 세포에는 세포핵이 딱 하나만 들어 있기 때문에 일정한 부피 안에 포함되어 있는 신경 세포의 개수를 손쉽게 셀 수 있겠죠. 이런 방식으로 신경 세포의 밀도를 알아내면 뇌 전체를 녹인 용액의 부피를 곱해서 뇌 전체의 신경 세포의 수를 정확하게 셀 수 있습니다.

이렇게 알아낸 신경 세포의 수는 약 861억 개였습니다. 에르쿨라누호젤 교수는 이 연구를 통해 세계에서 아주 유명한 뇌과학자가 되었습니다. 브라질 출신으로는 처음으로 TED 강연에 출연하기도 했죠. 뇌의 비밀을 알아내려는 뇌과학자들의 노력, 정말 놀랍지 않나요?

10

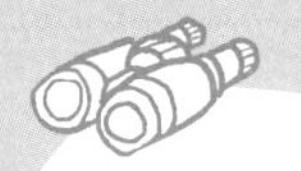

뇌 세포가 죽을 때까지 생긴다고?

우리 뇌는 아직도 많은 부분이 베일에 가려져 있습니다. 그중에서도 뇌에 있는 신경 세포가 다시 만들어지는가 하는 주제는 뇌과학자들의 오랜 논쟁거리였습니다. 일반적으로 신경 세포는 죽기만 하고 다시 생겨나지 않는다고 알려져 있지만, 새로 만들어진다는 주장도 만만치 않게 제기되고 있답니다.

스무 살이 넘어가면 매일 10만 개 정도의 신경 세포가 죽는 것이 정상입니다. 하지만 2000년대 초반, 성인이 된 뒤에도 뇌의 해마 영역에서 새로운 신경 세포가 계속 생겨난다는 연구 결과가 잇달아 발표되었습니다. 대략적인 숫자도 밝혀졌는데, 2013년 스웨덴의 요나스 프리센 교수 연구에 따르면 성인의 해마에서는 매일 700개 정도의 신경 세포가 만들어진다고 합니다. 이렇게 새롭게 생겨나는 신경 세포는 새로운 기억의 생성과 관련되어 있을 것으로 여겨졌습니다. 2017년에는 비록 인간의 뇌는 아니지만 쥐의 뇌 속 공포 감정을 담당하는 편도체에서 신경 세포가 생성되는 현상이 관찰되기도 했죠.

》 열세 살 이후 신경 세포가 《 새로 생긴다 vs. 안 생긴다

그런데 2018년 3월, 미국의 알투로 앨버레즈부이야 교수 연구팀이 20년간 믿어 왔던 통설을 완전히 부정하는 연구 결과를 세계적인 과학 잡지 〈네이처〉에 발표해 신경 과학계를 발칵 뒤집어 놓았습니다. 앨버레즈부이야 교수는 태아부터 77세까지 59명의 뇌를 분석해 해마 부위에 새로 생성된 신경 세포가 얼마나 많은지를 실제로 확인해 보았습니다. 그랬더니 13세 이후에는 해마 부위에 새로운 신경 세포가 거의 생기지 않는다는 사실을 발견했습니다.

곧바로 이 연구 결과에 대한 반박이 이어졌습니다. 앨버레즈부이야 교수의 논문이 발표된 바로 다음 달에 미국의 모라 볼드리니 교수 연구팀은 14세에서 79세까지 28명을 대상으로 해마 부위를 조사했더니 나이에 관계없이 어린 신경 세포들이 다수 발견되었다고 보고했습니다. 볼드리니 교수는 앨버레즈부이야 교수의 연구 방법이 잘못되었을 가능성을 지적했지만 앨버레즈부이야 교수는 자신들의 연구 결과를 철회할 생각이 없다고 단호한 입장을 밝혔습니다.

2019년 3월에는 스페인의 마리아 요렌스마르틴 교수 연구팀 역시 43세에서 87세까지 13명의 뇌 조직을 분석했더니 모든 이의 해마에서 성숙 과정에 있는 신경 세포를 발견했다고 발표했습니다. 요렌스마르틴 교수는 이 결과가 '나이가 들어도 뇌에서 계속 신경 세포가 생겨나고 있다는 증거'라고 주장했습니다. 하지만 앨버레즈부이야 교수는 여전히 자신의 주장을 굽히고 있지 않습니다. 성숙 과정에 있는 신경 세포는 어릴 때부터 있던, 아주 더디게 성숙하는 세포일 수 있다는 것이었죠. 어떤 주장이 맞는지는 아직 더 많은 연구가 진행되어야 결론을 내릴 수 있을 것 같네요.

이렇듯 성인의 해마에서 새로운 세포가 생겨나는지 아닌지는 아직 결론이 내려지지는 않았지만 매일 뇌세포가 죽어 가는 것은 부인할 수 없는 사실입니다. 그렇다면 뇌세포가 죽기 때문에 나이가 들수록 우리의 인지 능력이나 기억 능력, 감각 능력이 떨어지는 것일까요? 이 질문에 대한 저의 대답은 "반은 맞는 얘기고 반은 틀린 얘기"입니다. 20세부터 하루에 10만 개의 뇌세포가 죽는다고 해도 80세가 되었을 때 사라진 세포의 수는 모두 22억 개에 불과합니다. 우리 뇌 속 신경 세포의 총 개수인 861억 개 중 2.5퍼센트밖에 되지 않죠. 우리 인간의 뇌는 가소성이라는 특성을 갖고 있습니다. 그대로 멈춰 있는 것이 아니라 계속해서 변한다는 뜻이죠. 우리가 운동을 통해 우리 신체의 능력을 유지하거나 키울 수 있듯이 우리의 뇌도 노력을 통해서 인지와 감각, 기억 능력을 키우거나 유지할 수 있습니다. 가소성은 뇌의 아주 중요한 특성으로, 뒤에서 다시 다루겠습니다.

» 치매 같은 뇌 질환 치료를 위해 « 줄기세포 연구 중

치매나 파킨슨병, 루게릭병 같은 뇌 질환을 퇴행성 뇌 질환이라고 부릅니다. '퇴행성'은 노화 등의 이유로 기능이 퇴화한다는 의미로, 노화를 되돌릴 수 없듯 보통은 다시 돌릴 수 없다는 의미로 쓰이죠. 한번 망가진 뇌 조직은 다시 살릴 수 없기 때문에 퇴행성 뇌 질환을 치료하는 것은 불가능합니다. 그저 병의 진행 속도를 최대한 늦추는 것이 현재 할 수 있는 최선의 치료법이죠.

그런데 최근 들어 줄기세포를 이용해 만들어 낸 신경 세포로 이런 퇴행성 뇌 질환을 치료하는 기술이 연구되고 있습니다. 줄기세포로 인해 암이 발생하거나 하는 부작용 가능성이 있어서 아직은 사람에게 적용되고 있지 않지만 많은 뇌과학자들이 안전성 문제를 해결하기 위해 노력하고 있습니다. 가까운 미래에 퇴행성 뇌 질환을 치료할 수 있는 방법이 개발되기를 바랍니다.

11

뇌 영역은 어떻게 나눌까?

요즘처럼 의학 영상 기술이 발달하기 전에는 뇌의 구조를 알 수 있는 유일한 방법은 죽은 사람의 뇌를 해부하는 것이었습니다. 그런데 뇌를 이 방향 저 방향에서 아무리 자세히 들여다봐도 위치에 따라 색깔이 다른 것도 아니고 지도처럼 선이 그어져 있지도 않습니다. 그런데 어떻게 영역을 나눌 수 있을까요?

오래전, 인간의 뇌를 아주 자세히 들여다 본 사람이 있었습니다. 바로 코르비니안 브로드만(1868~1918)이라는 독일의 신경학자입니다. 브로드만은 현미경을 이용해 대뇌의 여러 부위를 자세히 관찰하다가 부위마다 세포가 배열된 형태가 조금씩 다르다는 사실을 발견했습니다.

흔히 뉴런이라고 부르는 신경 세포의 대부분은 대뇌의 피질, 즉 겉껍데기에 위치해 있죠. 2~4밀리미터 두께를 가진 얇은 피질 내부를 좀 더 자세히 들여다보면 총 6개의 층으로 나눌 수가 있습니다. 이 층을 뇌의 겉에서부터 시작해서 차례로 I층에서 VI층까지 로마 숫자로 번호를 붙였습니다. 브로드만은 뇌의 어떤 부위는 III층과 V층이 발달했고, 어떤 부위는 II층과 IV층이 발달했다는 식으로 부위마다 세포의 배열이 조금씩 다르다는 사실을 발견했습니다. 그리고 이런 미묘한 세포의 배열과 해부학적인 구조 차이를 함께 고려해 대뇌 피질을 총 52개의 영역으로 구분하고, 각 영역에 1번부터 52번까지 고유한 번호를 붙였습니다. 후대 사람들은 이 영역들을 브로드만의 이름을 따서 '브로드만 영역'이라고 부릅니다.

브로드만은 같은 방법으로 사람뿐만 아니라 원숭이를 비롯한 다른 포유동물의 뇌 영역 지도를 그려서 1909년에 책으로 펴냈습니다. 브로드만은 서로 다른 영역들이 서로 다른 기능을 할 것이라고 예상은 했지만 당시 기술로는 각 영역이 하는 기능을 완벽하게 알아낼 수 없었습니다. 수십 년이 지난 뒤, 뇌과학이 발달하면서 브로드만의 가설은 사실로 밝혀졌습니다. 서로 다른 브로드만 영역은 실제로 다른 기능을 하고 있었던 거죠. 예를 들어 뇌의 뒤통수엽에 위치하고 있는 브로드만 영역 17번은 일차 시각피질이라고 해서 어떤 사물을 볼 때 그 이미지가 가장 먼저 도달하는 뇌 부위입니다. 브로드만 영역 41번과 42번은 관자엽에 자리잡고 있는데, 소리를 들을 때 쓰이는 뇌 부위입니다.

» 이름 붙이는 일이 « 중요한 이유

우리가 어떤 대상에 이름을 붙이는 일은 매우 중요합니다. 특히 뇌와 같이 아주 복잡한 구조를 가진 대상이라면 더더욱 그렇죠. 우리 인간의 뇌는 다른 동물보다 많은 주름을 갖고 있고 각각의 주름에는 고유의 이름이 붙어 있습니다. 예를 들면 중심 뒤 이랑, 중심 뒤 고랑, 위 마루 소엽, 마루 속 고랑처럼 생소하면서도 조금은 어려운 이름들을 갖고 있죠. 이런 이름을 이용하면 우리가 뇌에 대해 다른 사람들과 대화를 나눌 때 "대뇌의 가장 윗부분에서 아래쪽으로 내려오면서 깊게 파여진 고랑이야"라고 설명하는 대신 중심 고랑이라고 간단히 부를 수가 있으니까 아주 편리합니다.

하지만 이런 명칭들은 그 부위가 하는 기능과는 전혀 대응되지 않습니다. 우리 뇌를 서울시에 비유하자면 중심 고랑, 중심 뒤 이랑 같은 명칭은 역삼로, 테헤란로, 강남대로 같은 도로명에 해당합니다. 그런데 브로드만 영역을 이용하면 우리 뇌에서의 위치

뿐만 아니라 기능에 대한 정보도 함께 담아 표현할 수 있습니다. 예를 들어 '브로드만 4번 영역'이라고 하면 그 위치 정보와 함께 대뇌의 일차 운동 영역이라는 사실을 알 수 있죠. 마치 '여의도'라고 하면 우리나라 금융의 중심지, '이태원'이라고 하면 이국적인 핫플레이스를 바로 떠올릴 수 있는 것처럼 말입니다.

그런데 브로드만 이후에도 많은 사람들이 자신만의 방법으로 뇌를 여러 영역으로 나누려는 시도를 했습니다. 좀 더 연구를 해 보니 브로드만 영역 여러 개가 하나의 기능을 수행하기도 하고 반대로 하나의 영역이 여러 가지 기능을 수행하기도 합니다. 살아있는 사람의 뇌 기능을 정밀하게 관찰할 수 있는 fMRI 기술이 발전하면서 새로운 영역 분할 방법들이 만들어지고 있습니다. 예를 들어 미국의 신경학자 에반 고든은 2016년에 휴식 상태에서 측정한 fMRI을 분석해서 대뇌 피질을 333개의 영역으로 분할했습니다. 그런가 하면 중국의 뇌과학자 링종 판 역시 2016년에 fMRI를 이용해 측정한 뇌 영역 사이의 연결성 정보를 이용해서 대뇌 피질을 246개의 영역으로 분할하기도 했죠.

» 100년 뒤에도 사용될 « 브로드만 영역

흥미로운 사실은 뇌과학의 발전에 힘입어 새로운 영역 분할 방법이 쏟아져 나오고 있지만, 아직도 인간 뇌 연구에 가장 많이 쓰이는 영역 분할 방법은 100년도 더 넘은 '브로드만 영역'이라는 점입니다. 심지어 브로드만 영역 23을 23a, 23b로 세분해서 쓸 정도로 브로드만 영역에 대한 미련을 버리지 못하고 있죠. 그도 그럴 것이 이제 와서 브로드만 영역을 버리고 새로운 영역 분할 방법을 따르면 지난 백 년간 해 오던 뇌과학 연구와의 연결성이 끊겨 버리게 되는 것이니까요.

우리가 현실에서 쉽게 행정 구역을 조정하지 못하는 것과 비슷한 이유라고 생각하면 됩니다. 어느날 갑자기 서울시를 10개의 작은 도시로 쪼개고 새로운 이름을 붙인다고 생각해 보세요. 어때요? 엄청난 혼란이 예상되지 않나요? 뇌과학이 발전하면서 점점 새로운 영역 분할 방법으로 진화해 가겠지만 저는 100년 뒤의 뇌과학자들도 여전히 브로드만 영역을 이야기하고 있을 것이라고 예상합니다. 모든 연구에서 '최초'가 얼마나 중요한지를 보여 주는 좋은 사례죠.

12

좌뇌형 인간 우뇌형 인간이 있을까?

"우리 학습지로 공부하면 창의력이 풍부한 우뇌형 인간이 될 수 있습니다!" 우뇌와 좌뇌 중 어느 쪽 반구의 기능이 더 발달했는지를 알아내서 좌뇌형 인간과 우뇌형 인간으로 나눌 수 있다는 심리학 이론에 바탕을 둔 광고 문구입니다. 그런데 사람을 좌뇌형 우뇌형 두 부류로만 구분하는 게 맞을까요?

종종 우뇌형 인간은 좌뇌를 발달시켜 수학 능력과 논리적 사고를 키워 줘야 하고, 좌뇌형 인간은 우뇌를 발달시켜 창의력을 키워 줘야 한다고 믿는 사람들이 있습니다. 하지만 이 이론은 심리학계에서도 폐기된 지 10년도 더 지난 잘못된 가설에 불과합니다.

물론 좌뇌와 우뇌의 기능에 차이가 있다는 것 자체는 분명한 사실입니다. 일단 좌반구는 신체의 오른쪽 부분을, 우반구는 신체의 왼쪽 부분을 담당합니다. 언어를 이해하고 만들어 내는 언어중추는 대부분 좌뇌에 자리잡고 있습니다. 이마엽이나 마루엽의 기능도 좌뇌와 우뇌가 약간 다릅니다. 실제로 정신 질환 환자의 뇌파 데이터를 분석해 보면 좌뇌와 우뇌의 기능에 불균형이 관찰되는 경우가 많습니다. 이처럼 좌뇌와 우뇌가 하는 기능은 분명히 다릅니다. 그렇다고 해서 모든 인간을 이분법적으로 좌뇌형 인간과 우뇌형 인간으로 분류하는 것이 과연 타당할까요?

》 특정 뇌반구 활동이 활발하다고 《 더 논리적이거나 더 감성적이지 않아

좌뇌-우뇌 가설의 오류를 지적하는 연구 결과는 많지만 2013년 재러드 닐슨 교수가 발표한 fMRI 연구가 가장 대표적인 사례로 꼽힙니다. 닐슨 교수는 7세에서 29세 사이의 남녀 1,011명을 대상으로 휴식 상태에서 fMRI를 이용해 측정한 좌뇌와 우뇌의 활성도를 통계적으로 비교해 보았습니다. 그 결과, 언어 중추인 브로카 영역이나 베르니케 영역 같은 특정한 부위에서는 사람들마다 활성도에 약간의 차이가 있었지만 전체적인 좌뇌-우뇌 활성도에는 전혀 차이가 없었습니다. 사람들을 좌뇌형과 또는 우뇌형 인간으로 분류하는 것은 당연히 불가능했고 나이나 성별에 따른 차이도 전혀 없었습니다. 더 중요한 사실은 특정한 뇌 반구의 활동이 더 활발하다고 해서 더 논리적이라던가 더 감성적이라는 근거를 찾을 수 없었다는 점입니다.

실제로 좌뇌와 우뇌는 어느 한쪽을 더 발달시켜야 하는 경쟁자 관계가 아니라 아주 사이좋은 친구 사이입니다. 서로 활발하게 정보를 주고받으면서 서로의 부족한 면을 보완해 주죠. 좌뇌와 우뇌는 뇌들보(뇌량)라는 신경 섬유 다발로 연결되어 있습니다. 두 개의 뇌를 이어 주는 다리라는 뜻입니다. 사실 과거에는 뇌들보가

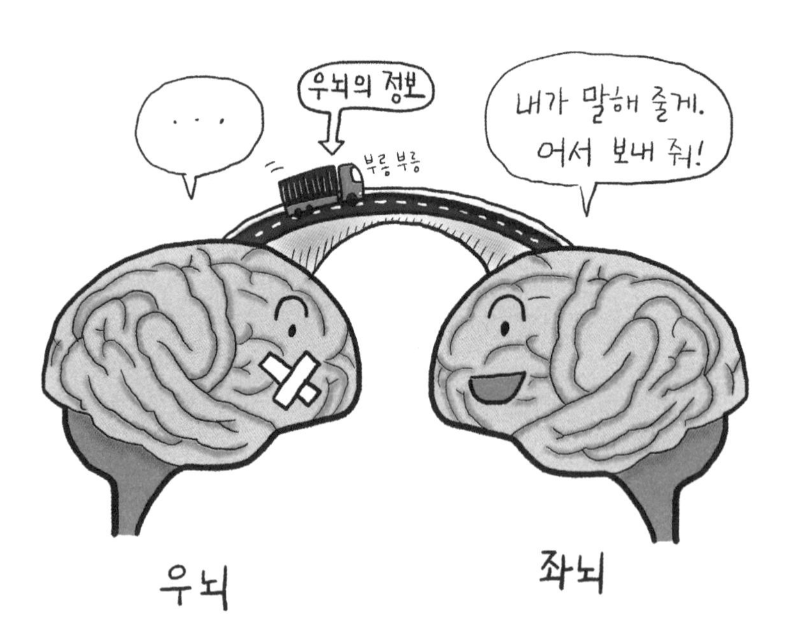

어떤 역할을 하는지 잘 알지 못했습니다. 그저 두 개의 다른 뇌를 하나로 고정시키는 역할을 한다고 생각했죠. 하지만 20세기 중반, 신경외과 의사들이 뇌전증 환자의 발작을 줄이려고 뇌들보의 일부를 잘라내는 수술을 시행했더니 환자들의 발작이 줄어드는 대신 새로운 장애가 나타나는 걸 발견했습니다. 뇌들보가 그저 좌뇌와 우뇌를 묶어 주는 것 이상의 역할을 한다는 뜻이죠.

가장 대표적인 실험은 1960년대 미국의 로저 스페리 교수와 당시 대학원생이던 마이클 가자니가가 뇌들보를 절제하는 수술을 받은 환자들을 대상으로 행한 것입니다. 그들은 뇌들보 절제 수술로 좌뇌와 우뇌가 분리된 환자들에게 오른쪽과 왼쪽 시야에 있는 두 개의 전등을 동시에 번쩍이게 하고 그들이 본 것을 말로 설명하게 했습니다. 그랬더니 환자들은 하나같이 오른쪽에 있는 전등 불빛만 봤다고 대답했죠. 이번에는 왼쪽에 있는 전등만 번쩍이게 했더니 환자들은 아무것도 보지 못했다고 대답했습니다. 그런데 똑같은 조건에서 자신들이 본 것을 말로 설명하는 대신 불이 번쩍인 전등을 손가락으로 가리키라고 시켜 보았습니다. 그랬더니 이번에는 환자들이 모두 왼쪽에 있는 전등을 가리키는 게 아니겠어요.

사실 환자들은 왼쪽에 있는 전등이 번쩍였다는 시각적 정보를 오른쪽 뇌를 통해서 받아들였지만 뇌들보가 끊어졌기 때문에 그 정보를 좌뇌에 있는 언어 영역으로 넘겨줄 수 없었던 겁니다. 그래서 자신들이 본 것을 말로 표현하지 못했던 거죠. 이 실험을 통해서 좌뇌와 우뇌가 뇌들보를 통해 정보를 교류해야만 인간이 온전한 인지 능력을 발휘할 수 있다는 사실을 증명할 수 있었습니다. 이 공로로 로저 스페리 교수는 1981년에 노벨 생리·의학상을 수상했습니다.

》좌뇌와 우뇌는《 빛나는 동반자

뇌과학 기술이 발달하면서 좌뇌와 우뇌에 대한 새로운 사실들이 계속해서 밝혀지고 있습니다. 미국의 정신의학자 노먼 쿡 교수는 말을 하는 과정은 주로 좌뇌에서 처리하지만 언어를 이해하기 위해서는 좌뇌와 우뇌가 모두 필요하다고 주장합니다. 실제로 우리 뇌가 언어를 이해하고 처리하는 거의 모든 과정에서 우뇌도 매우 중요한 역할을 합니다. 예를 들면 상대방의 억양이나 단어의 함축적인 의미, 은유법, 유머러스한 표현 등은 우뇌가 도와주지 않으면 좌뇌 혼자서는 절대로 이해할 수 없습니다. 결국 좌뇌와 우뇌는 서로 함께할 때만이 빛을 발하는 '영원한 동반자' 관계인 셈입니다.

13

남자와 여자의 뇌는 다를까?

뇌과학의 많은 난제들 중에서도 남성과 여성의 뇌가 다른가라는 질문만큼 큰 논쟁을 불러일으킨 이슈는 없습니다. 단순히 남녀의 뇌가 다르다는 차원의 문제가 아니라 연구 결과가 자칫 남녀의 능력 차이로 해석될 가능성이 있기 때문에 아주 민감하죠. 성별과 뇌는 상관이 있을까요?

우선 남성의 뇌는 여성의 뇌보다 더 크고 무겁습니다. 성인 남성의 평균 뇌 무게는 1.4킬로그램이고 여성의 뇌 무게는 1.3킬로그램으로 약 7, 8퍼센트 정도 남성의 뇌가 더 무겁습니다. 그런데 우리는 이미 뇌의 무게가 지능을 결정하는 요소가 아님을 잘 알고 있습니다. 아인슈타인의 뇌는 불과 1.23킬로그램에 불과했지만 지구 역사상 최고 천재 중의 한 명이었으니까요. 뇌의 무게 차이는 남성과 여성의 몸집 크기의 차이에서 비롯된 것이지 남성이 더 발달된 뇌를 가져서가 아닙니다.

일반적으로 여성이 남성보다 언어 능력이 더 뛰어나고 남성이 여성보다 공간 지각 능력이 더 뛰어난 경향을 보인다는 보고가 있습니다. 그래서 많은 연구자들이 언어를 담당하는 뇌의 좌반구에서 남성과 여성 사이의 차이를 찾아내기 위해서 노력했죠. 일부 연구에서 몇 개의 샘플 뇌를 대상으로 분석한 결과를 바탕으로 여성은 좌반구와 우반구를 연결하는 뇌들보가 남성보다 더 크다는 결과를 발표하기도 했습니다. 이 때문에 언어를 활용할 때 남성에 비해 여성의 양쪽 뇌가 더 잘 정보를 주고받을 수 있다고 주장한 학자도 있었죠.

》 남녀의 뇌에서 다른 부분은 《 뇌 안쪽 시상 하부뿐

하지만 2003년 미국 아이오와 대학교의 연구팀은 fMRI를 이용한 연구에서 일부 뇌 영역에서는 남녀 차가 발견되기는 했지만 뇌들보의 크기에 있어서는 남녀 간에 의미 있는 차이가 없다고 보고했습니다. 그뿐만이 아닙니다. 2008년에는 언어 활동을 할 때도 좌뇌와 우뇌의 활동량에 남녀 간에 차이가 없다는 논문도 발표되었습니다.

남녀의 뇌에서 확실하게 차이가 난다고 알려진 부위는 시상하부★가 유일합니다. 시상 하부는 뇌의 아주 깊은 곳에 자리 잡고 있는데, 자율 신경계의 활동을 관장할 뿐만 아니라 뇌하수체 호르몬★★ 분비를 조절하는 중요한 역할을 합니다.

시상 하부에 있는 시각 교차 앞 구역은 우리 몸의 온도 변화에 따른 여러 가지 반응을 조절합니다. 인간뿐만 아니라 다른 종에서도 수컷이 암컷에 비해 부피가 더 큽니다. 시상 하부에 있는 시각 교차 상핵은 생체 리듬, 특히 하루를 주기로 하는 일주기 리듬을 조절하는데, 남녀가 이 영역의 부피는 같지만 생김새는 많이 다릅니다. 남성은 공 모양으로 생긴 반면에 여성은 기다랗게 생겼죠. 하지만 이들 부위의 모양이나 크기 차이가 남녀의 신체 기능이나 행동에 어떤 영향을 주는지에 대해서는 아직 명확히 밝혀져 있지 않습니다.

★ 뇌의 대부분을 차지하는 회색질 덩어리인 시상의 아래쪽 부분으로, 항상성을 유지하는 중추이자 감정을 드러내거나 체온을 유지하는 등의 역할을 한다.

★★ 뇌하수체에서는 생장과 관련한 호르몬, 성 기능과 관련된 호르몬, 스트레스와 관련한 호르몬 등을 분비해 우리 몸 내분비계 전체를 조절하는 역할을 한다.

» 뇌는 성별보다 «
개인 차이!

이후에도 많은 연구자들이 남녀의 뇌에 어떤 해부학적인 차이가 있는지를 알아내기 위해 노력했고 몇 가지 차이점들을 보고하기도 했지만 대부분의 경우에는 남녀 뇌의 해부학적 차이와 남녀 행동의 차이를 연관 짓는 데 실패했습니다. 사람의 뇌는 단순히 구조나 전기적인 활동으로만 이해할 수 없고 신경 전달 물질이나 호르몬과 같은 화학적인 활동에 의해서도 영향을 받기 때문입니다. 무엇보다 뇌 활동은 같은 성별 내에서도 개인별로 매우 큰 차이를 보입니다. 일반적으로 여성의 특성이라고 여겨지는 성격을 가진 남성도 있고 그 반대의 경우도 있는 것과 마찬가지죠. 남녀의 뇌가 어떻게 다른지를 연구하는 것은 재미있는 연구 주제이지만 이 연구 결과가 남녀가 다르다는 것을 주장하기 위한 근거로 쓰여서는 안 될 것입니다.

14

우리에게 파충류 뇌가 있다고?

요즘 사람들이 키우는 애완동물의 종류는 참 다양합니다. 개나 고양이, 햄스터나 토끼 같은 포유류뿐만 아니라 도마뱀이나 거북이 같은 파충류를 키우기도 합니다. 포유류와 달리 파충류는 감정, 특히 애착을 거의 느끼지 않는다고 알려져 있습니다. 그런데 인간의 뇌 속에도 파충류의 뇌가 있다는데 무슨 뜻일까요?

얼마 전 코브라를 데리고 공연을 하면서 약을 팔던 한 중국 남성이 자신이 조련한 코브라에게 물려서 사망했다는 웃지 못할 해외 토픽이 전해졌습니다. 코브라는 원래 닭을 공격하도록 오랜 시간 훈련을 받았지만 닭 대신 돌연 남성의 귀를 물었다고 하네요. 흔히 파충류는 정서적인 반응보다는 생존에 필요한 본능적인 반응을 위한 뇌가 발달했다고 알려져 있습니다.

》 우리 뇌 속에 《 파충류의 뇌인 R-복합체가 있어

그런데 우리 인간의 뇌에도 '파충류의 뇌'가 있다는 사실을 알고 있나요? 미국의 신경 과학자 폴 맥린 박사는 1960년대에 '삼위일체 뇌' 이론을 발표했습니다. 맥린은 인간의 뇌를 크게 세 부분으로 나눴는데 R-복합체, 변연계, 신피질이 바로 그것입니다.

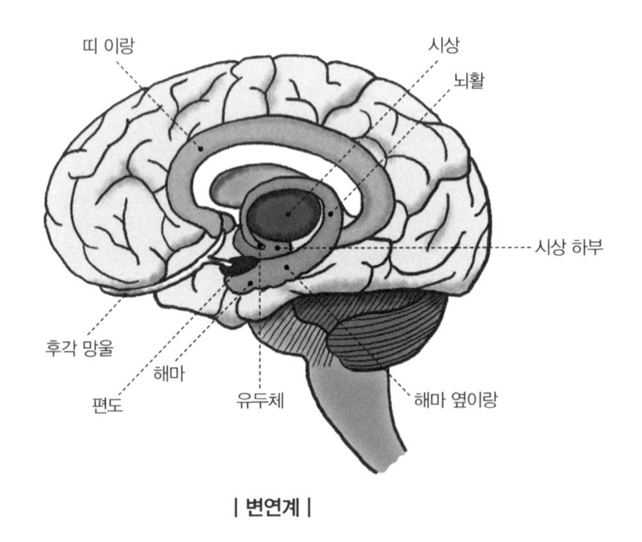

| 변연계 |

이 가운데 R-복합체는 '파충류의 뇌'라고 불립니다. 'R'은 파충류를 뜻하는 영어 'Reptile'에서 따 온 것이죠. R-복합체는 뇌간과 소뇌로 이뤄져 있는데 뇌의 가장 깊은 곳에 있으면서 기본적인 생존을 위한 행동들을 만들어 냅니다. 위험을 인지하면 본능적으로 몸이 반응하는 것은 다 R-복합체 때문입니다. 특히 뇌간은 호흡, 맥박, 체온 조절과 같이 생존에 필수적인 역할을 합니다.

변연계는 뇌간과 소뇌보다는 바깥쪽에, 대뇌 피질보다는 안쪽에 위치하고 있습니다. 맥린 박사가 처음으로 변연계라는 이름으로 부른 뒤부터 지금은 뇌과학 분야에서 널리 쓰이고 있죠. 이 부위는 기쁨이나 슬픔, 화남, 두려움 같은 다양한 감정이나 정서적인 반응을 담당하는 기관들로 구성되어 있습니다. 흔히 '포유류의 뇌'라고도 불리는 이 부위는 파충류에서 포유류로 진화하는 과정에서 발달했다고 알려져 있습니다. 변연계가 발달한 포유류 애완동물은 자신을 돌봐주는 주인에 대해 애착을 느끼지만 파충류 애완동물은 그렇지 않을 가능성이 높죠.

신피질은 흔히 대뇌 피질이라고 하는데, '영장류의 뇌'라고도 부릅니다. 변연계와 R-복합체를 감싸면서 뇌의 가장 바깥 부분을 이루는 영역입니다. 앞서 소개한 것처럼 대뇌 피질은 언어나 추론, 판단 같은 이성적인 활동을 담당합니다. 파충류에서 포유류로 진화하면서 변연계가 발달한 것처럼 포유류에서 영장류로 진화하면서 신피질이 발달했죠.

재미있는 사실은 진화 과정에서 파충류의 뇌가 포유류의 뇌

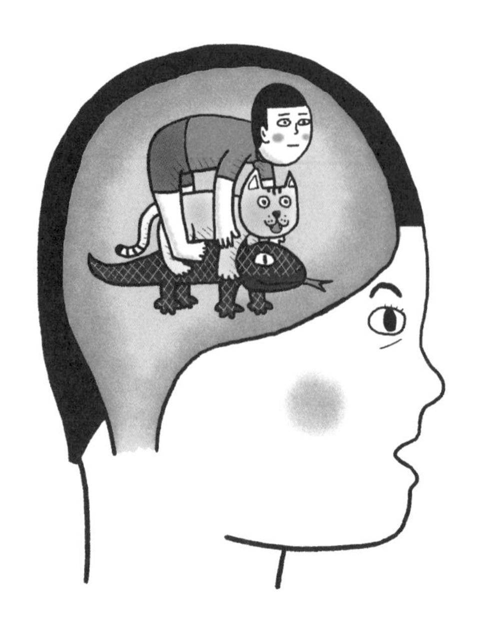

로, 포유류의 뇌가 영장류의 뇌로 변화한 것이 아니라 파충류의 뇌를 포유류의 뇌가 감싸고 다시 포유류의 뇌를 영장류의 뇌가 감쌌다는 것입니다. 다시 말해 우리의 뇌에는 아직도 악어나 도마뱀의 뇌가 남아 있는 셈이죠.

인간이 다른 동물들과 다른 점은 신피질이 특히 발달했다는 것입니다. 신피질은 다른 뇌를 통제하는 역할을 합니다. 즉, 이성으로 감정과 본능을 억누를 수 있다는 것이 우리 인간을 다른 동물과 구별 짓는 특징이라고 할 수 있죠. 그런데 우리 인간도 살아가다 보면 이성적인 판단을 내리지 못하고 감정적으로 판단한다거나 본능을 억누르지 못하는 상황을 종종 경험하게 됩니다. 삼위일체 뇌 이론에서는 이 세 가지 뇌가 서로 다투거나 경쟁하는 관계에 있다고 설명합니다. 인간이 하는 극단적이거나 특이한 행동 대부분을 이들 뇌 사이의 다툼으로 설명할 수가 있는 것이죠.

》삼위일체 뇌 이론은《 인문·사회 분야에 큰 영향을 줘

맥린 박사의 삼위일체 뇌 이론에 비판적인 학자도 많습니다. 복잡한 인간의 뇌를 지나치게 단순화했다는 비판부터 파충류의 뇌를 도입한 것에 대한 비판까지 다양합니다. 하지만 맥린 박사의 이론은 마케팅, 정치학, 경제학과 같은 다양한 인문·사회 분야에 큰 영향을 끼쳤고 우리의 불합리한 의사 결정과 행위를 이해하기 위한 도구로 지금까지도 널리 쓰이고 있습니다.

맥린 박사는 1971년 〈뉴욕 타임스〉에 투고한 기고문에서 다음과 같이 썼습니다. "국가들 사이의 언어 장벽은 큰 장애물이지만 더 큰 언어 장벽은 인간의 뇌와 그 안에 들어있는 동물의 뇌 사이에 놓여 있습니다."

어때요? 인간이 동물의 뇌를 잘 통제하여 인간다운 판단과 행동을 하기를 바라는 맥린 박사의 마음이 느껴지지 않나요?

영화 속 뇌과학2-<지난여름, 갑자기>

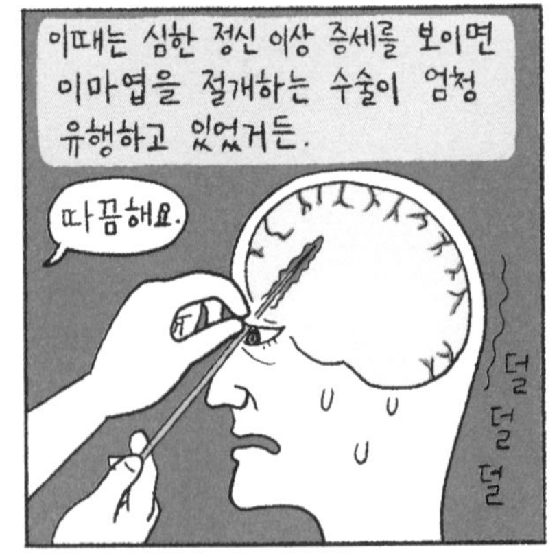

그런데도 뭔가를 숨기는 듯한 베너빌 부인은 조카를 자꾸 수술하라고 하는 거야.
어서 수술해욧!
뒤에 이유가 밝혀지는데 엄청 무서워. 직접 봐 봐.

아들! 지금은 무서워하지 않아도 돼.
왜? 송곳을 눈으로 집어넣다니…. 생각만 해도 끔찍해!

이마엽 절개술은 이제 거의 하지 않아. 정신 질환을 치료할 만한 방법이 없던 20세기 초중반에 있었던 일이야.
1935년 한 신경학자가 침팬지의 이마엽을 절개하는 수술을 했더니 행동이 조용해졌다고 발표를 했어.
이걸 본 포르투갈의 의사 모니스가 인간에게도 적용시켜서 이마엽 절개술을 시행했고, 이것이 효과가 있다고 발표했지. 그랬더니 이후 많은 의사들이 같은 수술을 했고, 모니스는 1949년에 노벨 생리의학상을 수상하기도 했어.
모니스
노벨상

하지만 사실 이 수술은 엄청난 후유증을 남겼거든. 그래서 정신질환 치료제가 나온 뒤로 이 수술은 이제 하지 않아.
이제 모두 얌전해졌군. 역시 성공적이야!

휴, 정말 다행이다. 꿈에 나올까 무서워.
호호호~

3장

뇌가 하는 일

15

통증은 어떻게 느낄까?

침대 모서리에 무릎을 부딪혔을 때, 실수로 뜨거운 냄비를 만졌을 때, 음식을 먹다가 체했을 때, 우리 몸은 아픈 부위를 살펴 봐 달라는 크고 작은 신호를 보냅니다. 이런 통증을 느끼는 것은 바로 우리의 '뇌'입니다. 그런데 만약 아픔을 느끼지 못한다면 우리에게 어떤 일이 일어날까요?

만약 우리 뇌가 아픔을 느끼지 못한다면 뼈가 부러져도 부러진 줄 모르고 활동하다가 뼈가 회복 불가능한 상태로 으스러질 수도 있습니다. 뜨거운 것을 만져도 고통을 느끼지 못한다면 피부에 큰 화상을 입게 되겠죠.

이처럼 감각을 느끼는 것은 인간의 생존에 매우 중요합니다. 우리의 피부와 내장 기관에는 다양한 감각을 느낄 수 있는 감각 신경이 아주 촘촘하게 자리 잡고 있습니다. 감각 신경의 말단 부위를 '감각 수용기'라고 부르는데, 감각 수용기는 각 수용기에 적합한 자극에 반응해서 전기 신호를 만들어 낸 뒤 뇌로 전달합니다. 예를 들어 피부 등에 있는 기계 수용기는 물리적인 변형에 반응하고 온도 수용기는 뜨겁거나 차가운 것에 반응합니다. 코에 있

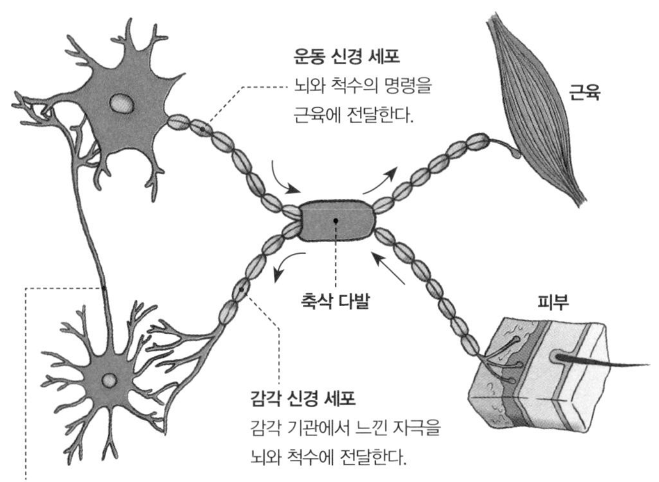

| 감각 수용 과정 |

는 후각 수용기는 기체에 있는 분자의 구조를 인식하고, 눈에 있는 광수용기는 빛을 전기 신호로 바꾸어서 뇌로 전달하죠. 통각 수용기는 조직에 상처가 생기거나 상처를 입히려는 위협이 가해지면 반응하는 수용기로, 우리가 통증을 느낄 수 있게 해 줍니다.

통증은 우리를 위험에서부터 보호하지만 사실 아픈 것을 좋아하는 사람은 아무도 없죠. 그런데 통증을 전혀 느끼지 못하는 사람도 있다는 사실을 알고 있나요? 선천적 무통각증이라는 희귀병을 가진 사람들입니다. 유전성 질환인 이 질환에 걸리면 감각을 전달하는 신경 세포가 죽어서 통증이나 더위, 추위를 전혀 느낄 수 없습니다. 온도 변화를 느끼지 못하기 때문에 체온 조절을 할 수 없고 통증을 느끼지 못하기 때문에 피부나 뼈에 심각한 손상이 생기는 경우가 많다고 해요. 몸의 이상을 알아챌 수 없기 때문에 열사병이나 감염 등으로 일찍 세상을 떠나는 경우가 많다고도 합니다. 고통을 느끼지 못하는 것은 생각보다 끔찍한 일입니다.

그런가 하면 신체에 아무런 문제가 없는데도 아픔을 느끼는 사람도 있습니다. 허리나 등이 항상 아픈 만성 통증 환자는 병원에서 여러 가지 검사를 받아도 아무런 이상이 없는 경우가 있습니다. 이런 경우에 허리나 등 자체에 문제가 있는 것이 아니라 통증을 느끼는 뇌의 회로에 문제가 생겼을 가능성이 높습니다. 신체가 아프다는 신호를 보내지도 않는데 뇌가 아픈 것처럼 느낀다는 거죠. 이런 만성 통증은 뇌에 이상이 있는 것이기 때문에 치료가 아주 어렵습니다. 최근에는 약물 치료 이외에도 통증을 느끼는 데 관여하는 뇌 부위에 전기장이나 자기장 자극을 줘서 통증을 줄여 주는 방법이 개발되고 있답니다.

》통각 수용기가 없는 뇌는《 아픔을 못 느껴

그런데 정작 우리 몸의 통증을 느끼는 뇌에는 통각 수용기가 없습니다. 그래서 대부분의 뇌 수술은 국소 마취만 한 상태에서 진행을 하죠. 뇌 수술을 하는 도중에 언어 영역이나 운동 영역 같은 중요 영역을 잘못 건드릴 수 있기 때문에 이런 뇌 부위를 조심스럽게 자극하면서 언어나 운동 기능이 달라지는지 관찰하기도 합니다. 때로는 환자와 대화를 나누면서 수술을 진행하기도 해요.

그러면 두통은 왜 생기는 걸까요? 이미 말한 것처럼 뇌에는 통각 수용기가 없기 때문에 '뇌'가 아픈 것이 아니라 머리 주변의 근육이나 뇌를 둘러싸고 있는 뇌막에서 생기는 통증을 우리가 느끼는 것입니다. 온몸의 통증을 느끼는 뇌는 정작 자신의 통증을 느끼지 못한다니 참으로 아이러니하지 않나요?

16

우리는 어떻게 말을 할 수 있을까?

호모 로퀜스(Homo Loquens)는 '말하는 인간' 또는 '언어를 사용하는 인간'이라는 뜻을 가진 라틴어입니다. 현생 인류의 공식 학명인 호모 사피엔스를 두고 굳이 호모 로퀜스라는 말을 만들어 낸 배경에는 인간만이 언어를 쓰는 유일한 동물이라는 자긍심을 엿볼 수가 있죠. 하지만 인간만이 소리로 의사소통을 하는가 하는 물음에 대한 답은 '아니오'입니다.

남아프리카의 사바나 지역에 사는 긴꼬리원숭이과 유인원인 버빗원숭이는 작은 몸집 때문에 다양한 포식자에 노출되어 있습니다. 버빗원숭이는 무리를 지어 생활하는데 포식자가 나타나면 주위 동료들에게 경고의 뜻으로 고음의 비명을 지릅니다.

1980년 미국의 영장류학자 로버트 세이파스 교수는 버빗원숭이가 포식자마다 서로 다른 비명을 지른다는 사실을 발견했습니다. 다 자란 버빗원숭이는 표범, 독수리, 비단뱀을 보았을 때 뚜렷이 구별되는 비명소리를 냈죠. 흥미로운 사실은 갓 태어난 버빗원숭이도 다양한 지상 포유류를 보고 표범 경고음을, 다양한 새를 보고는 독수리 경고음을, 뱀과 비슷하게 생긴 물체를 보면 뱀 경고음을 낸다는 것입니다. 버빗원숭이는 나이를 먹고 경험이 쌓이면서 더 정교하게 의사를 표현할 수 있게 됩니다.

» 살아남는 데 중요한 역할을 한 « 언어 영역

세이파스 교수가 발견한 사실은 인간이 언어로 의사소통을 하는 유일한 동물이 아니며, 인간이 자라면서 언어를 습득해 가는 것처럼 다른 동물도 성장하면서 더 세련된 '언어 구사 능력'을 갖춘다는 것입니다. 물론 인간이 사용하는 언어는 버빗원숭이의 언어보다 훨씬 더 복잡합니다. 복잡한 통사 문법 구조를 갖춘 인간의 언어에 비한다면 버빗원숭이의 언어는 '언어'라고 부르기에도 민망한 수준이죠. 인간은 다른 동물들보다 더 복잡한 언어 체계를 갖춘 덕분에 작은 몸집과 나약한 신체 조건에도 거친 야생에서 살아남을 수 있었을 겁니다.

인류의 진화 과정에서 언어가 중요한 역할을 하다 보니 인간의 뇌에는 언어를 생성하고 언어를 이해하기 위한 영역이 상당히 넓은 부위에 자리 잡고 있습니다. 인간의 언어 영역은 주로 뇌의 좌반구에 위치하고 있습니다. 왼쪽 이마엽에 위치한 브로카 영역과 왼쪽 관자엽에 위치한 베르니케 영역이 대표적인 인간의 언어 영역들입니다.

두 영역 중에서는 브로카 영역이 먼저 발견되었습니다. 1861년 프랑스의 외과의사인 폴 브로카는 뇌전증을 앓고 있던 레보른이 특이한 증상을 보인다는 사실을 발견했습니다. 레보른은 오른쪽 신체가 마비되었고 말을 하지 못했습니다. 그는 유일하게 '탄(tan)'이라는 말만 할 수 있었다고 해요. 레보른은 'tan'을 여러 가지 뜻으로 사용했고, 여러 개 붙여서 'tan, tan, tan, tan….'과 같은 문장을 만들기도 했어요. 그래서 사람들은 레보른을 '탄'이라고도 불렀습니다. 그런데 레보른은 다른 사람의 말을 이해하는 데는 별 문제가 없었다고 해요. 참 신기한 일이죠.

레보른이 세상을 떠난 뒤 그의 뇌를 부검한 브로카는 놀라운 사실을 발견합니다. 좌반구 이마엽 부근에 6, 7센티미터 정도 크기로 뇌 조직이 손상되어 있었던 거죠. 레보른과 비슷한 증상을 가진 다른 환자의 뇌도 조사를 해 봤더니 하나같이 같은 부위에 손상이 있었다는 사실을 알게 되었습니다. 이후에 이 영역은 브로카의 이름을 따서 '브로카 영역'이라고 부르게 되었답니다. 레보른은 이미 소개한 적이 있는 헨리 몰래슨과 함께 뇌과학 역사를 바꾼 두 명의 환자 중 하나로 기록되었습니다.

브로카는 언어 영역이 자신이 발견한 브로카 영역밖에 없다고 주장했지만 그 주장은 불과 15년 만에 틀린 것으로 판명됩니다. 1876년에 독일의 신경 정신과 의사인 카를 베르니케가 새로운 언어 영역을 발견했기 때문이죠. 베르니케는 유창하게 말을 잘하는 것 같지만 자세히 들어보면 단어가 뒤죽박죽이어서 무슨 말을 하는지 도대체 이해할 수 없게 말하는 환자가 있다고 보고했습니다. 이런 환자들은 말을 잘 하지 못할 뿐만 아니라 말을 잘 이해하지 못했죠. 베르니케는 이 환자들이 브로카 영역보다 뒤쪽에 위치한 관자엽과 뒤통수엽이 만나는 부근의 뇌 조직이 손상되었다는 사실을 알게 되었습니다. 이 영역은 후에 베르니케의 이름을 따서 '베르니케 영역'이라고 불리게 되었죠.

》브로카 영역은 말을 할 때《 베르니케 영역은 말을 들을 때 활동해

브로카 영역은 언어를 구사할 수 있게 해 주고 베르니케 영역은 언어를 이해할 수 있게 해 줍니다. 대뇌에서 브로카 영역이 조음기관의 운동 영역과 가까이 있고, 베르니케 영역이 소리를 듣는 청각 영역이나 사물을 보는 시각 영역과 가까이 있는 것은 결코 우연이 아닙니다. 브로카 영역과 베르니케 영역은 서로 신경 섬유

다발로 연결돼 있는데, 이 섬유 다발이 손상돼도 언어 능력에 이상이 생깁니다. 언어를 이해는 할 수 있지만 논리적으로 말을 할 수 없게 되는 것이죠.

여러분은 이제 우리가 어떻게 라디오에서 나오는 목소리를 따라 말하고 종이에 적힌 글자를 큰 소리로 읽을 수 있는지 이해할 수 있습니다. 라디오에서 말소리가 들리면 뇌의 청각 영역에 신호가 전달되고 이 정보는 다시 베르니케 영역으로 전달됩니다. 베르니케 영역은 정보를 브로카 영역으로 보내고 브로카 영역은 다시 운동 영역으로 신호를 보내 말을 따라할 수 있게 되는 겁니다. 글을 읽을 때도 마찬가지입니다. 글자를 보면 우리 뇌의 시각 영역이 신호를 받아서 베르니케 영역으로 전달하고 이후에는 목소리를 들을 때와 똑같은 과정으로 글을 읽을 수 있게 됩니다. 이처럼 우리 인간의 언어 활동은 뇌의 여러 부위들이 서로 조화롭게 협동할 때만 가능하답니다.

17

얼굴에만 반응하는 뇌 영역이 따로 있다고?

흔히 인간은 사회적 동물이라고 합니다. 호랑이나 곰 같은 동물보다 덩치도 작고 힘도 약한 인간이 혹독한 야생에서 생존하려면 다른 사람들과 힘을 합칠 수밖에 없었겠죠. 무리 생활에서 다른 사람의 얼굴을 잘 인식하고 표정을 잘 알아채야 무리에서 인정받고 생존에 더 유리했을 것입니다. 그런데 뇌는 어떻게 다른 사람의 얼굴을 인식하고 표정을 알아챌까요?

다른 사람의 얼굴을 인식하는 것이 생존에 중요하다 보니 인간의 뇌에는 사람 얼굴에 반응하는 뇌 영역이 따로 있을 정도입니다. 바로 관자엽 아래에 위치한 작은 영역인 '방추형 얼굴 영역'이라는 곳입니다. 미국의 뇌 인지 과학과 교수 낸시 캔위셔가 1997년에 fMRI 기술을 이용해 이 부위의 기능을 밝혀냈습니다. 캔위셔 교수는 사람의 얼굴, 얼굴 외 신체의 다른 부위, 전화기나 넥타이 같은 물체들, 그리고 전원 주택의 사진을 섞어서 보여 주면서 뇌의 어느 부위가 활동하는지 관찰했습니다. 놀랍게도 사람의 얼굴이 등장할 때만 강하게 활동하는 뇌 부위가 있다는 사실을 발견하고 이 부위의 이름을 '방추형 얼굴 영역'이라고 부르기로 했죠.

우리 뇌에 사람의 얼굴에만 반응하는 영역이 따로 있다는 놀라운 사실이 알려지자 뇌과학자들의 궁금증은 커졌습니다. 가장 큰 궁금증은 방추형 얼굴 영역이 정말 인간의 얼굴에만 반응하는가 하는 것이었습니다. 그 의문에 대한 답을 제시한 사람은 심리학자 이자벨 고티에 박사였습니다.

고티에 박사는 외계인처럼 생긴 가상 생명체의 3차원 이미지를 열 개 만들고 그리블이라는 이름을 붙였습니다. 이들은 플록과 글립이라는 두 개의 성별 그리고 사마르, 오스밋, 갈리, 라독, 타시오라는 다섯 가지 종족으로 나뉘어 있었죠. 얼핏 비슷해 보이지만 촉수나 팔, 머리 모양이 조금씩 달랐습니다. 고티에 박사는 실험 대상자들에게 그리블의 차이를 구별하는 훈련을 시켰습니다. 처음에는 어색해하던 사람들도 곧 그리블의 종족과 성별을 구별해 냈죠. 고티에 박사는 훈련 받은 사람들이 그리블을 볼 때 나타나는 뇌 반응을 관찰했습니다. 그랬더니 놀랍게도 그리블을 볼 때, 사람의 얼굴을 볼 때와 유사한 강도의 반응이 방추형 얼굴 영역에서 나타났습니다. 다시 말해 방추형 얼굴 영역은 사람 얼굴을 인식할 때만 쓰이는 부위가 아니라는 것입니다.

» 미세한 차이를 구별할 때 « 방추형 얼굴 영역을 사용해

고티에 박사의 연구에 따르면 새의 품종이나 자동차의 종류를 잘 구별하는 전문가들은 새나 자동차를 볼 때도 방추형 얼굴 영역이 강하게 활동한다고 합니다. 방추형 얼굴 영역이 사람의 얼굴만 구별하는 영역이 아니라 오랜 훈련을 통해 미세한 차이를 구별해야 하는 대상을 처리하는 영역이라는 증거죠. 사람들은 태어나 자라면서 다른 사람의 얼굴을 구별하는 훈련을 끊임없이 하니까요.

그런데 방추형 얼굴 영역이 얼굴을 인식할 때만 사용되는 영역이 아니라는 걸 알게 되었으니 이제 방추형 얼굴 영역에 붙어 있는 '얼굴'이라는 말을 떼야 하지 않을까요? 뇌과학자들은 그렇게 매정한 사람들이 아니랍니다. 캔위셔 교수의 발견을 기리기 위해 여전히 이 영역을 방추형 얼굴 영역이라고 부릅니다.

그렇다면 뇌는 어떻게 얼굴의 미세한 차이를 구분하는 걸까요? 뇌과학은 아직 대부분이 미지의 영역이기에 뇌가 얼굴을 인식하는 원리는 완전하게 밝혀지지 않았습니다. 확실한 건 사람의 얼굴을 인식하기 위해서는 뇌의 한 영역만 사용하는 것이 아니라는 점입니다. 뇌 영상 연구를 통해 시선이나 입술의 움직임에 민감하게 반응하는 상측두구★뿐만 아니라 뒤통수엽에 넓게 자리 잡은 시각 피질과 이마엽도 복잡하게 관여하고 있다는 사실이 밝혀졌죠.

그럼 사람 얼굴을 인식하는 것이 타고난 능력일까요? 흔히 갓난아이들이 엄마 얼굴을 보고 웃으면, 엄마는 아기가 자신을 알아본다고 좋아합니다. 그런데 최근 연구에 따르면 갓난아이들이 엄마를 보고 웃는 것은 엄마를 알아봐서 웃는 게 아닐 가능성이 높습니다. 보통은 아기가 생후 3개월은 되어야 사람 얼굴을 구별할 수 있게 됩니다. 그전에는 성별 정도만 구별할 수 있는데, 남성보다 여성을 더 선호합니다. 일부 학자들은 진화론적으로 볼 때 여성에게 더 큰 애착을 보이는 것이 어찌 보면 당연하다고 주장합니다. 아기가 생존을 위해 먹을 것과 엄마가 필수적이라는 것을 본능적으로 깨닫는다는 거죠.

아기의 뇌를 연구하기는 아주 어렵습니다. 칭얼대는 갓난아기를 시끄러운 MRI 기계 안에 누이고 몇십 분 동안 촬영을 하는 건 여간 어려운 일이 아닙니다. 그렇다 보니 아기 뇌의 발달 과정에 대한 연구는 성인 뇌 연구에 비하면 거의 없다시피 하죠.

★ 관자엽에 있는 큰 고랑 중에서 위쪽에 있는 고랑.

그래서 뇌 발달 연구에 원숭이 같은 동물을 많이 활용합니다. 원숭이 뇌에도 사람의 방추형 얼굴 영역처럼 얼굴을 볼 때 강하게 반응하는 부위가 있습니다. 그런데 어릴 적부터 얼굴을 보지 않고 자란 원숭이 뇌에는 얼굴에만 반응하는 영역이 뚜렷히 관찰되지 않습니다. 이런 결과로 보아 얼굴에 반응하는 뇌 영역은 타고나는 게 아니라 경험과 훈련에 의해서 만들어지는 것 같습니다.

》 얼굴 인식 능력은 《 경험을 통해 계속 발달해

실제로 2017년 미국 스탠포드 대학 연구팀이 발표한 연구 결과에 따르면 방추형 얼굴 영역이 포함된 방추형 이랑의 크기는 아동기에서 성인기에 이르기까지 12.6퍼센트나 성장합니다. 얼굴 인식 능력이 어른이 될 때까지 계속해서 발달한다는 사실을 간접적으로 보여 주는 결과입니다. 우리가 성장하면서 다양한 사람들을 만나고 사람들의 미묘한 표정 속에 담긴 감정을 읽어 내는 능력이 더 중요해지니 그만큼 방추형 얼굴 영역을 더 많이 쓰는 거죠. 바꿔 말하면 다양한 얼굴을 계속 학습할 수 없는 환경에서는 얼굴 인식에 관련된 영역이 발달하지 못한다는 말입니다.

방추형 얼굴 영역을 비롯한 얼굴 인식 영역에 문제가 생기면 친한 사람의 얼굴도 인식하지 못하는 '안면실인증'이라는 질환을 앓게 될 수도 있습니다. 무려 전 세계 인구의 2퍼센트나 이 장애를 갖고 있다고 합니다. 심하면 거울에 비친 자신의 얼굴도 알아차리지 못하고 정상적인 사회생활을 할 수 없지만 아직 정확한 원인이나 치료법이 밝혀져 있지 않습니다. 인간의 뇌가 얼굴을 어떻게 인식하는지에 대한 비밀을 밝히기 위해 더욱 열심히 연구해야 하는 이유가 바로 여기에 있습니다.

18

뇌는 시각 정보를 두 갈래로 전달한다고?

"보는 것이 믿는 것이다"라는 말이 있죠. "백문이 불여일견"이라는 말도 있고요. 백 번 듣는 것보다 한 번 보는 것이 낫다는 뜻입니다. 우리의 오감 중에서 보는 것이 가장 중요하다는 것에는 누구나 동의할 거예요. 실제로 우리 대뇌 피질에서도 오감 중에 시각이 차지하는 뇌 영역이 가장 넓답니다.

우리 인간은 시각을 통해 주위 환경을 인식합니다. 인간은 진화 과정의 대부분을 야생 동물을 사냥하거나 맹수를 피해 도망치며 보냈습니다. 야생 한복판에 던져진 상황에서 자신의 생존 확률을 높이려면 빠른 시간 안에 눈앞에 있는 대상이 무엇인지를 알아내고, 그 대상이 어떤 경로로 움직이고 있는지를 파악해야 했을 것입니다. 우리 뇌의 시각 정보 처리 시스템도 이런 목적에 맞게 발달했죠.

》 눈에 전달된 시각 정보는 《 두 갈래 경로로 전달돼

우리가 어떤 일을 할 때 두 명이서 나눠서 처리하면 더 빠르게 마칠 수 있을 겁니다. 우리 뇌가 시각 정보를 처리하는 과정도 이와 마찬가지입니다. 망막에 전달된 시각 정보는 우선 시상★에 있는 외측 슬상핵★★이라는 부위를 지나서 뒤통수엽에 자리 잡은 일차 시각 영역으로 전달됩니다. 우리 뇌는 이 정보를 두 갈래 경로로 나눠 처리합니다. 이 경로를 각각 배측 경로와 복측 경로라고 부릅니다.

배측 경로는 뒤통수엽에서 마루엽 방향으로 올라가는 방향

★ 감각이 소뇌를 거쳐 대뇌 피질로 전달될 때 중간 역할을 하는 달걀 모양 부분.

★★ 뇌의 좌우 반구 시상 바깥쪽에 있는 신경핵으로, 시신경이 이곳을 거쳐 시각 피질로 연결된다.

의 경로입니다. 시각 피질에서 받아들인 정보가 이 경로에 있는 여러 뇌 부위를 지나가면서 눈앞에 보이는 사물들의 공간적인 관계나 대상의 움직임과 같은 위치 정보를 인식합니다. 그래서 배측 경로를 '어디(where) 경로'라고 부르기도 합니다. 배측 경로 위에 있는 뇌 영역은 가만히 있는 물체보다는 움직이는 물체에 대해 더 활발하게 반응합니다. 우리 선조들이 사냥감을 쫓고 맹렬하게 공격하는 맹수와 맞서 싸우기 위해서는 상대의 움직임을 잘 인식하는 뇌의 기능이 꼭 필요했겠죠.

복측 경로는 뒤통수엽에서 관자엽 쪽으로 내려가는 경로입니다. 시각 정보가 이 경로에 있는 뇌 부위들을 지나가면서 지금 보고 있는 대상의 형태와 색깔 등을 파악해서 그 대상이 무엇인지

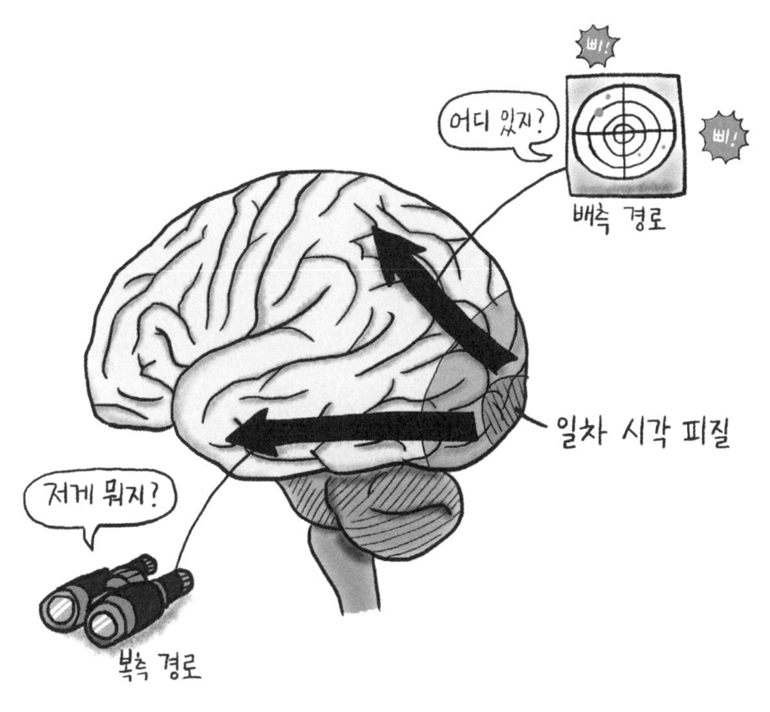

를 알아냅니다. 그래서 복측 경로를 '무엇(what) 경로'라고도 부릅니다. 우리 선조들은 망막에 맺힌 상의 크기나 위치, 방향에 관계없이 호랑이나 사자인지 아니면 얼룩말, 토끼인지를 구별해 낼 수 있어야 했습니다. 그래야 보고 있는 대상이 우리에게 위협이 될 존재인지 아니면 우리의 저녁 식사 거리가 될 것인지 판단할 수 있을 테니까요.

무엇 경로에 대해서는 많은 연구가 진행되어 왔습니다. 특히 원숭이도 인간과 비슷한 시각 처리 체계를 갖고 있어서 비교적 쉽게 연구할 수 있었죠. 뒤통수엽에서 관자엽으로 정보가 진행하면서 뇌의 다양한 부위들을 거치는데, 뇌의 뒤에서 앞으로 갈수록 단순한 형태부터 시작해서 점점 복잡한 형태를 처리하게 됩니다. 그러니까 우리 뇌는 최종적으로 배측 경로와 복측 경로의 정보를 종합해서 현재 눈앞에 펼쳐진 상황을 이해하게 되는 겁니다.

문제를 하나 내 볼까요? 시각 정보가 배측 경로를 지나가는 시간과 복측 경로를 지나가는 시간 중에 어떤 시간이 더 짧을까요? 똑똑한 여러분들은 이미 눈치챘겠죠? 그렇습니다. 배측 경로를 지나가는 속도가 더 빠릅니다. 대상이 무엇이든 움직이는 것을 빨리 알아채고 도망갈 준비를 하는 것이 생존에 더 유리하지 않았겠어요? 반면에 복측 경로를 통해 처리된 대상에 대한 형태 정보는 배측 경로를 통해 처리된 대상의 움직임 정보보다 더 오래 기억에 남습니다.

뇌종양이나 뇌졸중 환자들 중에 간혹 배측 경로나 복측 경로가 손상된 경우가 있습니다. 배측 경로가 손상된 환자는 눈앞에 보이는 물체를 파악할 수는 있지만, 위치를 파악하지 못해서 물체를 손으로 잡거나 가리킬 수 없습니다. 반면에 복측 경로가 손상된 환자는 그 물체의 크기나 형태는 모르지만 손으로 그 물체를 잡을 수는 있답니다. 우리 뇌는 어느 하나 중요하지 않은 부위가 없습니다.

》뇌에서 시각 정보를 처리하는 데《 걸리는 시간은 0.2초

두 갈래 경로로 나누어서 처리하지만 여전히 우리 뇌는 시각 정보를 처리하는 데 약간의 시간을 필요로 합니다. 눈앞에 시각적 자극을 보여 준 뒤 뇌파 반응을 분석해 보면 대략 0.1초에서 0.2초 정도의 처리 시간이 걸린다는 사실을 알 수 있습니다. 우리가 보는 사물의 모습은 사실 0.2초 전의 모습인 셈이죠.

하지만 우리 뇌는 이 정도의 지연 시간쯤은 그냥 무시하는 편입니다. 우리가 컴퓨터 마우스로 컴퓨터 모니터 속 커서를 움직일 때 손의 움직임과 커서의 움직임도 초고속 카메라로 촬영해 보면 약 0.08초의 차이가 납니다. 그런데도 우리는 커서가 실시간으로 움직인다고 생각을 하죠.

그런데 인간의 뇌가 지금보다 더 빠르게 시각 정보를 처리하도록 진화하지 않은 이유가 무엇일까요? 그 이유는 간단합니다. 현재 수준의 정보 처리 속도로도 우리 선조들이 야생에서 생존하는 데 특별한 어려움이 없었기 때문입니다. 굳이 뇌의 자원을 더 소비해 가면서 시각 정보의 처리 속도를 높일 필요가 없었던 거죠. 인간의 뇌는 한정된 에너지로 작동한다는 사실을 꼭 기억하길 바랍니다.

19

길을 찾는 뇌 세포가 따로 있다고?

인간의 뇌는 마치 컴퓨터처럼 중앙 처리 장치 역할은 이마엽 피질에서, 외부와 '통신'은 언어 영역인 브로카 영역과 베르니케 영역에서, 청각 정보는 관자엽에 있는 청각 피질에서, 시각 정보는 뒤통수엽에 있는 시각 피질에서 받아들입니다. 그럼 길을 찾는 역할은 뇌의 어느 부분, 어떤 세포가 할까요?

낯선 곳을 찾아가려면 우리는 휴대폰의 지도 앱을 켜서 붉은 점을 따라 움직입니다. 휴대폰이 없을 때는 목적지를 찾아가려면 먼저 지금 내가 어디에 있는지 정확히 알아야 하고, 그런 뒤 목적지까지 가는 여러 길 중 최선의 경로를 택해야 합니다. 그런데 우리 뇌는 어떻게 길을 찾는 걸까요?

2014년 노벨 생리·의학상은 자신의 위치를 인식해서 길을 잘 찾을 수 있게 해 주는 뇌 부위와 신경 세포를 발견한 영국의 존 오키프 교수와 노르웨이의 모세르 교수 부부에게 돌아갔습니다.

》 특정 위치 정보를 기억하는 《 장소 세포

1960년대 말, 오키프 교수는 쥐의 뇌 속 해마 부위에 미세한 전기 신호를 측정할 수 있는 전극을 집어넣고 쥐가 공간을 돌아다니는 동안 뇌의 신경 반응을 측정했습니다. 그는 이 실험에서 쥐가 특정한 위치를 지나갈 때마다 해마의 특정 세포가 반응하는 현상을 관찰할 수 있었죠. 쥐가 다른 위치를 지날 때는 해마의 다른 세포가 반응했습니다. 오키프 교수는 이 세포들이 공간 내에서 특정한 위치 정보들을 기억하는 역할을 한다는 사실을 알아내고 이 세포를 '장소 세포'라고 불렀습니다. 하지만 특정한 장소 세포가 어떻게 그 위치를 인식할 수 있는지는 설명할 수 없었죠. 실제로 우리 뇌 속에 GPS가 들어 있지 않은 이상 위치 정보를 기억하기 위해서는 주변 환경의 다양한 감각 정보를 활용해야 할 테니까요.

그 질문에 대한 답을 찾은 사람이 바로 모세르 부부였습니다. 모세르 부부는 쥐가 넓은 공간을 돌아다닐 때 해마 바로 옆에 있는 내후각 피질에 있는 세포 하나가 여러 위치에서 반응하는 현상을 관찰했습니다. 장소 세포는 한 위치에서만 반응하지만 내후각 피질의 세포는 공간의 여러 위치에서 반응했죠.

》장소 세포에 정보를 제공하는《 격자 세포

신기하게도 이 세포들이 활동하는 위치를 공간상에서 선으로 이어 보면 정육각형의 격자 형태가 만들어졌습니다. 그래서 모세르 부부는 이 세포들을 '격자 세포'라고 부르기로 했습니다. 격자 세포는 장소 세포에 계속해서 정보를 전달한다는 사실도 밝혀졌습니다. 실제로 두 세포 사이의 연결에 이상이 생기면 길을 잘 찾을 수 없게 됩니다.

우리 뇌는 장소 세포와 격자 세포를 이용해 공간에서 자신의 위치를 파악합니다. 왜 격자가 사각형이 아니라 육각형인지는 알 수 없지만 적어도 육각형 격자로 이뤄진 좌표 안에서 자신의 위치를 인식한다는 것만은 확실해 보입니다. 한 가지 가설은 정육각형으로 격자를 만들면 최소의 신경 세포로 최대한 큰 공간을 확보할 수 있다는 것입니다. 실제로 꿀벌이 집을 지을 때 정육각형 격자 형태로 짓는 이유도 최소한의 재료를 이용해서 최대한 넓은 집을 짓기 위해서라고 하죠.

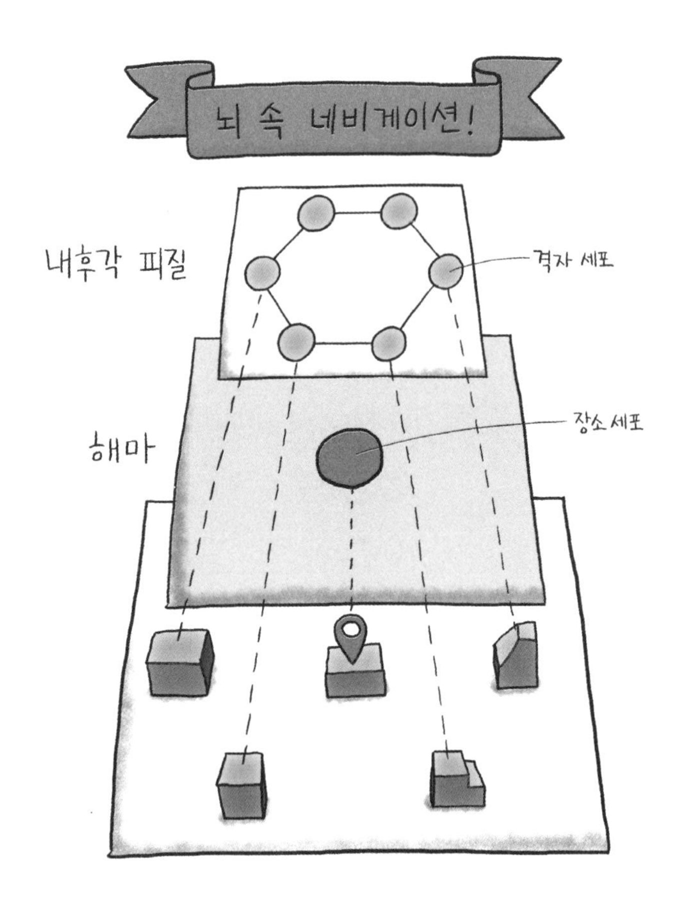

장소 세포와 격자 세포가 발견된 뒤에도 이동 방향에 반응하는 머리방향 세포, 공간의 경계 부분에서 활성화되는 경계 세포, 이동 속도를 감지하는 속도 세포 등이 발견되었습니다. 이런 세포들은 서로 간에 전기 신호를 주고받으면서 우리가 공간을 인지하고 길을 찾아 나갈 수 있게 해 줍니다.

2018년에는 알파고를 개발한 딥마인드와 영국 유니버시티 칼리지 런던 연구팀이 공동으로 장소 세포, 격자 세포 등을 모방한 심층 신경 회로망을 구현해서 인간처럼 지름길을 찾아갈 수 있는 인공 지능 에이전트를 개발했다고 발표했습니다. 이처럼 뇌과학 연구는 인간의 호기심을 해소하는 것에서 그치지 않고 인간의 삶을 편리하게 만드는 새로운 기술 개발에도 사용되고 있습니다.

20

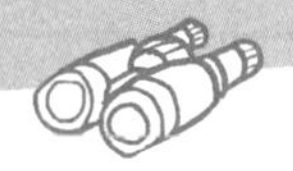

뱀을 보면 왜 도망가게 될까?

"자라 보고 놀란 가슴 솥뚜껑 보고 놀란다"라는 옛 속담이 있습니다. 무언가가 갑자기 눈앞에 나타나거나 위협적인 것을 보았을 때 화들짝 놀라는 것은 누구든지 자주 경험하는 일입니다. 그런데 왜 이런 것들을 보면 깜짝 놀라는 반응을 하게 되는 걸까요?

우리 눈앞에 뱀이나 멧돼지처럼 위협적인 대상이 나타나면 우리 신체의 반응은 단지 깜짝 놀라는 데 그치지 않습니다. 심장 박동은 빨라지고 손에는 땀이 나고 등골이 서늘해집니다. 인간은 본능적으로 위험한 순간을 빠르게 알아채는 능력을 갖고 있습니다. 그래야만 다가올 위협에 맞서 싸울 준비를 하거나 도망을 쳐서 위험에서 벗어날 수가 있겠죠.

우리 뇌에는 이렇게 두려움을 느끼게 하는 부위가 따로 있는데, 바로 '편도체'라는 부위입니다. 대뇌의 변연계에 좌우 대칭으로 위치하는데 꼭 아몬드 모양으로 생겼습니다.

» 편도체를 제거하면 « 공포를 느끼지 못해

1972년, 미국의 딕시 블랜처드 교수는 쥐의 편도체를 제거한 뒤 고양이 앞에 데려다 놓았습니다. 우리는 보통 깜짝 놀란 상황이 되면 '몸이 얼어붙는' 현상을 경험합니다. 위험에서 도망쳐야 하는데도 발이 잘 떨어지지 않게 되죠. 쥐도 마찬가지입니다. 보통의 쥐는 고양이를 마주치면 일단 몸이 얼어붙습니다. 한 번도 고양이를 본 적이 없더라도 본능적으로 두려움을 느낍니다.

그런데 편도체를 제거한 쥐는 그렇지 않았습니다. 마치 고양이를 못 본 것처럼 자연스럽게 행동했죠. 한마디로 '겁을 상실한' 쥐가 된 겁니다. 블랜처드 교수의 연구를 재연한 다른 학자들은 심지어 쥐가 마취된 고양이의 귀를 물어뜯는 행동을 목격하기도 했다고 합니다.

어떤 학자들은 편도체에 전기적 혹은 화학적 자극을 가하는 실험을 하기도 했습니다. 그 결과 몸이 얼어붙거나 심박이 빨라지고 동공이 확장되는 등 두려운 상대와 마주칠 때 나타나는 신체 반응이 관찰되었습니다. 눈앞에 아무것도 없었는데 말이죠. 편도체가 공포 반응을 만들어 낸다는 사실이 증명된 겁니다. 학자들은 쥐뿐만 아니라 토끼나 고양이 등에서도 편도체가 비슷한 기능을 한다는 사실을 알아냈습니다.

사람의 경우도 마찬가지입니다. 앞에서 뇌과학 역사의 한 페이지를 장식한 두 명의 환자(헨리 몰래슨과 레보르뉴)를 소개했었죠? 지금 소개할 환자는 본명이 공개되지 않았습니다. S.M. 혹은 SM-046이라고 불리는 미국 여성입니다. S.M.의 사례는 비교적 최근인 1994년에 보고되었습니다. 그녀는 우르바흐-비테 증후군이라는 희귀 유전병에 걸려서 어린 시절부터 양측 편도체가 완전히 손상된 상태로 살아야 했습니다. 그녀는 뱀이나 독거미를 만지거나 공포 영화를 볼 때 전혀 두려움을 느끼지 않았습니다. 하지만 두려움이라는 감정 자체를 느끼지 못하는 것은 아니었습니다. 특히 질식하는 상황에 대한 두려움을 보통 사람들보다 더 크게 느꼈다고 합니다.

S.M.은 지능이나 다른 인지 기능은 모두 정상이었습니다. 그녀는 아주 활달하고 친절하며 낙천적이었습니다. 하지만 다른 사람이 부정적인 얼굴 표정을 짓는 것을 잘 알아채지 못했을 뿐만

아니라 심지어 음악을 들을 때도 음악에 담긴 슬프거나 무서운 감정을 인지하지 못했죠.

》공포심은《 위험으로부터 생명을 지켜

그렇다면 S.M.의 삶은 어떠했을까요? 실제로 그녀는 수많은 범죄의 희생양이 되었다고 합니다. 가정 폭력 사건에 휘말려서 죽을 뻔한 고비를 넘기기도 하고, 노골적인 살해 위협을 받기도 했습니다. 위험한 상황을 인지하지 못하기 때문에 범죄가 일어나는 현장을 피하지 못해 여러 범죄에 휘말린 거죠. 그녀는 죽음의 문턱 앞에서도 절망감이나 위기감을 전혀 느낀 적이 없었다고 합니다.

1965년생인 S.M.은 지금 세 아이의 엄마이자 한 남성의 아내로 살아가고 있습니다. 하지만 그녀가 문명화된 서구 세계가 아니라 아프리카 야생에서 태어났다면 지금과 같은 삶을 살 수 있을까요? 아마 독사나 전갈에 물려서 단명했을 가능성이 높겠죠.

이처럼 우리 인간이 편도체를 통해 공포 감정을 느끼는 것은 인류가 멸종되지 않고 지금까지 명맥을 이어 올 수 있었던 가장 큰 원동력일지도 모릅니다.

21

호문쿨루스가 뭘까?

연금술이라는 말을 들어 본 적이 있나요? 중세 유럽과 중동에서 한때 유행했던 학문으로, 흔한 금속인 철이나 구리 등을 가공해서 금을 만들어 낸다는 기술이었죠. 철로 금을 만들어 냈다면 어마어마한 부자가 될 수 있었겠지만 성공한 사람은 아무도 없습니다. 그런데 뇌과학과 연금술은 무슨 관계가 있을까요?

1500년대 활동한 연금술사이자 의학자였던 파라켈수스는 남성의 정액 속에는 이미 완전한 형태의 작은 사람이 들어 있어서 특별한 방법을 쓰면 이 사람을 인공적으로 키울 수 있다고 생각했습니다. 그는 이 가상의 사람을, 작은 사람을 뜻하는 라틴어 '호문쿨루스'라고 불렀습니다. 의학이 발달하지 않았던 시절에는 참 재미난 상상도 많았죠?

그런데 의학 기술이 발달한 현대에도 호문쿨루스라는 용어가 여전히 쓰이고 있는 분야가 있습니다. 바로 뇌과학입니다. 뇌과학에서 호문쿨루스는 신체의 여러 부위를 대뇌에서 차지하고 있는 영역의 면적에 비례해서 만들어 놓은 난장이 인형을 의미합니다. 그래서 뇌 속의 작은 인간이라고도 불리죠.

》 대뇌에서 가장 넓은 영역을 《 입과 손이 차지해

호문쿨루스는 크게 운동 호문쿨루스와 감각 호문쿨루스로 나눌 수 있습니다. 둘은 얼핏 보면 비슷하게 생겼지만 자세히 보면 조금 다릅니다. 공통적인 특징이 있다면 입과 손이 다른 부위에 비해서 아주 크다는 점입니다. 상대적으로 머리, 몸통, 다리는 왜소하죠. 대뇌 피질에서 입과 손이 차지하는 영역의 면적이 그만큼 넓다는 것을 의미합니다. 왜 이 부분의 영역이 넓을까요?

답은 의외로 간단합니다. 우선 인간은 다른 동물과 달리 도구를 만들어 쓰기 때문에 손을 세밀하게 움직일 수 있어야 하고 손

의 감각도 예민해야 하죠. 또 인간은 언어를 사용하고 다양한 표정을 지어야 하기 때문에 입과 관련된 뇌 부위가 발달할 수밖에 없었을 겁니다.

그렇다면 다른 동물들은 어떨까요? 2013년 미국의 데니스 오릴리 박사 연구팀은 쥐의 감각 호문쿨루스 그림을 발표했습니다. 과연 쥐의 대뇌 피질에서 가장 큰 면적을 차지하고 있는 감각은 무엇이었을까요? 코? 입? 아닙니다. 바로 쥐의 코 옆에 길게 나 있는 콧수염의 감각이었습니다. 콧수염의 피부 면적은 몸 전체의 3퍼센트에도 미치지 못하지만 쥐 호문쿨루스 그림에서 무려 30퍼센트 이상을 차지하고 있습니다. 그 이유는 조금만 생각하면 쉽게 알아챌 수 있죠.

쥐는 대표적인 야행성 동물입니다. 밤에 활동하고 낮에는 주로 잠을 잡니다. 게다가 빛이 전혀 들어오지 않는 지하에서 쥐가 어떻게 장애물을 피해 나갈까요? 가뜩이나 짧은 앞발을 내밀고 앞을 더듬으며 돌아다니는 건 아주 비효율적이겠죠. 그렇다고 쥐가 박쥐처럼 초음파를 쏘거나 살모사처럼 적외선을 볼 수 있는 능력을 갖고 있는 것도 아닙니다. 쥐는 코앞에 길게 뻗은 콧수염의 감각을 이용해서 장애물을 피해 나갑니다. 콧수염의 감각이 예민하고 정교해야만 생존에 유리하니 당연히 진화 과정에서 콧수염의 감각과 관련된 뇌 부위가 커질 수밖에 없었을 것입니다.

이처럼 동물들은 각자 생존에 필요한 감각을 발달시키며 진화해 왔습니다. 독수리의 망막에는 1제곱밀리미터 당 무려 100만 개의 광수용체가 있는데, 이는 인간 망막보다 5배나 더 많은 수입니다. 그래서 독수리는 4.5킬로미터 상공에서도 지상에 있는 작은 쥐를 볼 수 있죠. 그런가 하면 개의 후각 점막의 넓이는 사람보다 무려 40배나 넓고, 쥐는 인간보다 5배나 더 높은 주파수인 100킬로헤르츠의 초음파를 들을 수 있습니다. 감각 능력만 놓고 본다면 인간보다 떨어지는 동물을 찾기 어려울 정도죠. 인간은 이처럼 제한된 감각 능력을 갖고 있지만 그 약점을 뛰어난 지능으로 극복하고 있는 셈입니다.

》특정 감각만 발달한 이유는《 제한된 에너지 때문

인간이든 동물이든 이처럼 생존에 필요한 특정 감각만 발달한 이유는 뭘까요? 모든 감각이 발달한다면 더 좋지 않을까요?

이미 몇 번 등장한 얘기라 아마 여러분들도 그 이유를 충분히 눈치챘으리라 봅니다. 그 이유는 바로 뇌가 쓸 수 있는 에너지가 유한하기 때문입니다. 에너지가 제한되어 있으니 생존에 딱 필요한 정도로만 발달이 일어난 거죠. 특히 우리 인간은 다른 동물과 달리 언어를 쓰거나 사회생활에 필요한 기능에도 뇌의 많은 자원을 할애해야 했기 때문에 다른 동물들만큼 감각 기능이 발달할 수가 없었습니다. 이처럼 진화의 관점에서 뇌를 바라본다면 우리 뇌를 보다 쉽게 이해할 수 있답니다.

22

내 뇌의 주인은 정말 나일까?

어느 순간 자신도 모르게 손이 코나 입을 만지고 있다는 걸 알아채는 경우가 있죠? 자기 의지로 손에 명령을 내리고 그 명령을 받은 손이 얼굴로 향한 것이 아닌데 말입니다. 우리는 이때 '무의식적으로 그랬어요'라고 얘기합니다. 여기서 무의식은 어떤 뜻일까요?

어떤 정신 작용이나 행동이 일어나는 것을 우리가 인지하는 걸 '의식'이라고 하고, 인지하지 못하는 걸 '무의식'이라고 합니다. 의식을 나타내는 영어 단어인 'consciousness'는 '알다'라는 뜻을 가진 어원 'sci'에서 유래한 말입니다. 과학을 의미하는 'science'도 역시 'sci'에서 유래했죠. 다시 말해 우리 뇌에서 일어나고 있는 여러 정신 작용 중에서 우리가 '알고 행하는 것'이 바로 의식입니다.

» 의식하기 전에 « 몸이 먼저 움직인다고?

그런데 우리가 의식적으로 한다고 생각하는 행동들도 사실은 우리 뇌의 무의식이 명령을 내리는 것이라는 주장이 있습니다. 이 주장은 인간 의식 연구의 선구자로 불리는 벤저민 리벳 교수에서부터 시작되었습니다.

리벳 교수는 1980년대에 '리벳 실험'이라고 불리는 유명한 실험을 고안했습니다. 인간이 팔이나 다리를 움직이려고 하면 뇌에서 먼저 준비 전위라고 불리는 뇌파가 발생합니다. 이건 어찌 보면 당연한 일이죠. 뇌가 먼저 명령을 내려야만 팔을 움직일 수 있을 테니까요. 그런데 리벳 교수는 이 준비 전위가 팔을 움직이기 1초 전부터 발생한다는 사실에 주목했습니다. 사실 1초라는 시간은 생각보다 긴 시간입니다. 우리가 팔을 움직이는 상황을 떠올려 보면 팔을 움직이겠다는 생각을 하고 1초 뒤에 움직이는 것이 아니라 생각과 거의 동시에 팔이 움직이잖아요? 뭔가 좀 이상

하지 않나요?

리벳 교수는 준비 전위가 발생하는 시점과 버튼을 눌러야겠다고 마음먹은 시점 그리고 버튼을 누르기 위해서 손을 움직이는 시점을 정확하게 측정해 봤습니다. 그랬더니 [버튼을 누르고자 마음먹은 시점] → [준비 전위가 발생한 시점] → [손이 실제로 움직인 시점]의 순서가 아니라 [준비 전위가 발생한 시점] → [버튼을 누르고자 마음먹은 시점] → [손이 실제로 움직인 시점] 순서로 관찰되었습니다. 게다가 버튼을 누르고자 마음먹은 시점과 손이 실제로 움직인 시점은 거의 차이가 없었습니다. 그러니까 우리가 버튼을 누르겠다는 '의지'를 갖기 전에 이미 우리 몸은 움직이고 있다는 거죠.

리벳 교수의 연구가 발표되자 뇌과학계에는 한바탕 소동이 벌어졌습니다. 인간의 '자유 의지'를 부정할 수도 있는 연구 결과였으니까요. 실제로 리벳 교수는 인간의 모든 결정은 무의식적으로 이뤄지는 것이고 의식은 그 결정을 정당화하는 과정이라는 파격적인 주장을 합니다. 이때부터 30년 넘게 인간이 자유 의지를 갖고 있느냐에 대한 뇌과학자들의 격렬한 논쟁이 시작됩니다.

이 주제가 이토록 민감한 이유는 만약 인간이 자유 의지를 갖고 있지 않다면 많은 실수와 범죄를 '내' 탓이 아닌 '뇌' 탓으로 돌릴 수도 있기 때문입니다. 인간이 자유 의지를 갖고 있지 않다고 주장하는 학자들은 '뇌'가 먼저 결정하고 '내'가 나중에 결정한다는 증거를 찾아내기 위해 끊임없이 노력했습니다. 반면에 인간에게 자유 의지가 있다고 주장하는 학자들은 상대 진영의 논리나 실험 과정에 허점이 있는지를 집요하게 파고들었죠.

리벳 교수가 세상을 떠난 뒤에도 인간의 자유 의지를 부정하는 연구는 계속되었습니다. 막스 플랑크 연구소의 존딜런 헤인즈 박사는 2007년, fMRI를 이용해 사람이 무언가를 선택을 하기 10초 전부터 이미 뇌가 결정을 내리고 있다는 연구 결과를 발표했습니다. 저희 한양대 연구팀은 2017년 영국 유니버시티 칼리지 런던의 패트릭 하가드 연구팀과 공동 연구를 진행했습니다. 손으로 버튼을 눌러 선택을 하기 전에 준비 전위라는 뇌파가 발생한다고 했는데, 이 연구를 통해 실제로 준비 전위가 발생하기 전부터 이미 특정 버튼에 더 주의를 기울이는 현상을 발견했습니다. 이런 결과들은 우리가 의식하는 시점보다 훨씬 전부터 우리 뇌에서 이미 결정을 내리고 있다는 사실을 보여 줍니다.

》 인간에게 자유 의지는 《 있을까 없을까?

인간이 자유 의지를 갖고 있느냐 없느냐에 대한 논쟁은 아직 결론이 나지 않았습니다. 하지만 인간의 행동이나 결정의 많은 부분이 무의식에 의해 좌우된다는 사실만은 분명해 보입니다. 이 발견은 뇌과학과 전혀 관련이 없어 보이는 경제학 분야에서 활용되고 있습니다. 특히 마케팅 분야에서 무의식을 자극하기 위한 방법에 대해 다양한 연구가 진행되어 왔습니다.

가장 대표적인 사례는 서브리미널 광고 기법입니다. 이 기법은 미국의 제임스 비커리에 의해 개발되었습니다. 비커리는 영화를 상영하는 도중에 인간의 의식이 알아챌 수 없을 정도로 짧은 시간인 3천분의 1초 동안 순간적으로 콜라나 팝콘에 대한 짧은 문구를 보여 줬습니다. 영화를 본 관객 중 누구도 이 메시지를 눈치채지 못했지만 놀랍게도 영화가 끝난 뒤 극장 내의 팝콘과 콜라 판매량이 각각 57.8퍼센트와 18.1퍼센트 증가했다고 합니다. 우리의 의식은 느끼지 못했지만 우리의 무의식은 느끼고 있었던 거죠. 제럴드 잘트먼 교수는 소비자들이 물건을 구매하는 과정에서 무의식이 담당하는 역할의 비중이 95퍼센트에 이른다고 주장하기도 했답니다.

만화 영화 〈인사이드 아웃〉에는 사람들의 머릿속에 기쁨이, 슬픔이, 버럭이, 소심이, 까칠이가 살고 있는 것으로 나옵니다. 영화에서처럼 정말 우리는 뇌 속에 살고 있는 기쁨이와 슬픔이가 시키는 대로 선택하고 행동하는 걸까요? 과연 인간에게는 단 1퍼센트의 자유 의지도 없는 걸까요? 저는 아직은 성급한 결론을 내리기에 이르다고 생각합니다. 우리는 아직 의식과 무의식의 실체조차도 잘 모르고 있으니까요.

4장

변화하는 뇌

23

뇌를 바꿀 수 있을까?

불과 200년 전까지만 하더라도 뇌과학자들은 인간의 뇌는 유년기가 지나고 나면 더 이상 변하지 않는다고 굳게 믿었습니다. 그러다가 1978년에야 한 실험을 통해 뇌도 훈련을 통해 변할 수 있다는 생각이 널리 퍼졌죠. 뇌도 변한다는 사실을 어떻게 알 수 있었을까요?

공 대여섯 개를 자유자재로 던지고 받는 저글링 공연을 하는 사람들을 본 적 있죠? 아마 여러분들도 한번쯤은 시도해 봤을 거예요. 저글링을 처음부터 잘하는 사람은 거의 없습니다. 시각 신경과 운동 신경의 조화가 잘 이뤄져야 저글링을 잘할 수 있죠. 대부분의 사람들은 몇 주 정도 꾸준히 연습하면 공 세 개로 저글링쯤은 충분히 할 수 있습니다. 꾸준한 훈련을 통해 실력이 향상되는 거죠. 그런데 뇌가 변하지 않는다고 가정하면 훈련을 통해서 실력이 향상되는 현상을 설명할 방법이 없어집니다. 뇌가 고정되어 있다면 매번 저글링을 할 때마다 처음과 똑같아야 말이 되니까요.

》 신경 가소성이 있는 뇌는 《 변할 수 있어

뇌가 훈련을 통해 변할 수 있을 거라는 아이디어를 처음 발표한 사람은 심리학자 윌리엄 제임스 교수였습니다. 그는 1890년에 펴낸 책 『심리학의 원리』에서 처음으로 '신경 가소성'이라는 개념을 제시했습니다. '가소성'이라는 용어가 조금 어렵죠? 가소성은 한자로 쓰면 '可塑性'입니다. '가(可)'는 가능하다는 뜻이고 '소(塑)'는 흙을 빚거나 형체를 만든다는 뜻입니다. '성(性)'은 성질을 의미하죠. 다시 말해 '형태를 마음대로 바꿀 수 있는 성질'이라는 뜻입니다. 가소성을 뜻하는 영어 단어인 'plasticity'에는 우리가 잘 아는 플라스틱(plastic)이라는 단어가 포함되어 있습니다. 그러니까 뇌의 신경 가소성이라는 말은 사실 우리 뇌가 플라스틱처럼 모양이 쉽게 변하는 성질을 갖고 있다는 뜻이죠.

하지만 제임스 교수의 가설은 50년 이상이나 학계에서 철저하게 무시당했습니다. 갈릴레오 갈릴레이가 살아생전 지동설을 설득하는 데 실패한 사례에서 볼 수 있듯이 사람들의 뇌리에 이미 굳게 박혀 버린 믿음을 깨는 것은 정말 어려운 일이랍니다.

제임스 교수의 신경 가소성 이론이 실험을 통해 검증되고 오랜 논란에 종지부를 찍은 것은 채 50년도 안 된 1978년의 일입니다. 미국 마이클 머제니치 교수는 올빼미원숭이를 대상으로 조금은 잔인해 보이는 실험을 계획했습니다. 만약 똑같은 실험을 지금 진행했다면 동물 보호 단체를 설득하는 데 많은 어려움이 있었을지도 모릅니다.

머제니치 교수는 올빼미원숭이의 오른손 중지를 칼로 자른 뒤 중지 대신 검지와 약지를 계속 사용하게 했습니다. 올빼미원숭이의 뇌에는 인간의 뇌에서와 마찬가지로 다섯 개의 손가락 각각의 운동과 감각을 담당하는 영역이 명확하게 나눠져 있습니다. 그런데 중지를 절단하고 몇 주가 지나자 놀랍게도 원래 올빼미원숭이 뇌에서 중지를 담당하던 뇌 영역을 검지와 약지가 대신 사용하는 게 아니겠어요? 이 실험을 통해서 뇌의 기능은 뇌의 특정한 영역에 고정되어 있는 것이 아니라 어떻게 사용하느냐에 따라 얼마든지 바뀔 수 있다는 사실이 증명된 거죠.

» 훈련을 반복하면 «
뇌의 구조를 바꿀 수도 있어

신경 가소성은 뇌의 기능뿐만 아니라 구조를 바꾸기도 합니다. 반복해서 특정 뇌 기능을 자주 사용하면 해당하는 뇌 영역에 있는 신경 세포의 축삭을 감싼 지방질 조직인 말이집★이 발달합니다. 그렇게 되면 신경 세포의 정보 전달 속도가 더 빨라지게 되죠. 훈련을 더 반복하면 뇌의 특정한 영역의 부피가 커지기도 하고 서로 다른 뇌 영역 사이를 연결하는 신경 섬유의 수가 증가하는 변화가 일어나기도 합니다.

2009년에는 영국의 얀 숄츠 교수 연구팀이 앞에서 소개한 저글링 훈련에 따른 뇌의 변화를 관찰한 결과를 발표했습니다. 숄츠 교수는 24명의 젊은 남녀 지원자들에게 하루에 30분씩 6주 동안 저글링을 훈련하게 했습니다. 그러고는 저글링을 하지 않은 24명의 사람들과 6주 동안 일어난 뇌의 변화를 비교했죠. 대뇌 백질에 있는 신경 섬유 다발을 관찰할 수 있는 확산 텐서 영상이라는 기술을 이용했습니다.

그랬더니 예상했던 대로 저글링 연습을 하지 않은 사람들의 뇌에는 아무런 변화가 없었습니다. 하지만 저글링 훈련에 참가한 사람들의 뇌에는 눈에 띄는 변화가 관찰되었답니다. 특히 마루엽

★ 축삭을 둘러싸고 있는 피막으로, 전기 신호가 흩어지지 않게 보호한다.

에 있는 마루엽 속고랑 부근의 신경 섬유 다발이 훈련 전보다 크게 증가한 겁니다. 이 부위는 우리 대뇌의 시각 영역과 운동 영역을 이어 주는 역할을 해요. 저글링을 잘하기 위해서는 시각 기능과 운동 기능이 조화를 이뤄야 하잖아요. 두 기능을 연결하는 부위가 발달하니까 예전보다 저글링을 더 잘하게 된 거죠.

이밖에도 우리 뇌의 놀라운 신경 가소성을 보여 주는 사례는 수없이 많습니다. 그중에서도 가장 유명한 연구는 2006년 영국의 한 연구팀이 발표한 '런던 택시 운전기사' 연구입니다. 런던에서는 택시 운전기사가 면허를 받으려면 런던의 거미줄처럼 얽힌 도로망과 지명을 모두 외워야 해요. 연구팀은 런던 택시 운전기사와 일반인의 뇌를 정밀하게 비교해 봤습니다. 그랬더니 런던 택시 운전기사가 일반인에 비해 장기 기억과 공간 지각을 담당하는 해마 영역의 회백질이 더 두껍다는 사실을 발견했죠.

헬스장에서 꾸준히 운동을 하면 근육이 발달하는 것처럼 우리의 뇌도 꾸준히 사용하면 얼마든지 발달하고 변한답니다. 여러분, 갑자기 더 열심히 공부하고 싶어지지 않나요?

24

늙지 않는 뇌가 있다고?

흔히 “나이가 드니까 머리가 굳는다”라는 표현을 사용합니다. 건강한 사람도 나이가 들면 몸의 기능이 떨어지게 마련입니다. 뇌도 예외는 아니에요. 성인의 신경 세포는 매일 10만 개씩 사라지고, 뇌의 신경 가소성도 점점 떨어집니다. 새로운 것을 배우는 것도 예전만큼 쉽지 않죠. 그런데 뇌의 기능은 계속 떨어지기만 할까요?

우리 몸의 다른 기관에 비해 뇌는 생각보다 훨씬 큰 복원력을 갖고 있습니다. 우리 뇌의 복원력을 아주 잘 보여 주는 연구 결과가 2013년에 발표되었는데, 이 연구로 인해 보수적이기로 둘째가라면 서러워할 과학 학술지인 〈네이처〉의 표지에 컴퓨터 게임 장면이 등장하는 '대박 사건'이 일어났죠.

》노인도 훈련을 받으면《 뇌의 기능이 향상돼

미국의 호아킨 앙구에라 교수 연구팀은 60세 이상의 노인들을 대상으로 '뉴로레이서'라는 이름의 3차원 레이싱 게임을 4주 동안 난이도를 조금씩 높여 가며 연습을 시킨 다음에 뇌에 일어난 변화를 관찰했습니다. 4주가 지나자 거의 대부분의 노인이 훈련을 받지 않은 20대 청년들보다 게임에서 고득점을 기록한 것은 물론이고 멀티태스킹 능력, 단기 기억력, 집중력 유지 능력과 같은 인지 능력이 크게 향상된 것으로 나타났습니다.

심지어 서로 다른 일을 동시에 할 수 있는 능력을 뜻하는 멀티태스킹 능력은 10대 수준으로 회복되었다고 하죠. 더욱 놀라운 사실은 이렇게 회복된 멀티태스킹 능력이 6개월이 지난 뒤에도 그대로 유지가 되었다는 겁니다. 그렇다면 과연 우리 뇌의 신경 가소성의 한계는 어디까지일까요?

2016년, 벨기에의 인지 심리학자 악셀 클레레만스 교수는 신경 가소성의 한계를 보여 주는 44세 프랑스 남성의 사례를 소개

했습니다. 그는 14세 이후부터 30년 동안 뇌의 일부분이 뇌척수액에 의해 아주 천천히 침식되어서 44세가 되었을 때는 무려 90퍼센트가 침식된 상태였다고 합니다. 그런데 놀라운 사실은 뇌의 90퍼센트가 사라진 뒤에도 자신의 뇌에 대해 전혀 이상을 느끼지 못했다는 것입니다. 그때까지 두 아이의 아빠이자 공무원으로 원만한 사회생활을 해 왔었다고 해요.

클레레만스 교수는 이 프랑스 남성의 경우, 30년 동안 아주 천천히 뇌가 침식되면서 뇌의 기능이 이웃한 뇌 부위로 차츰차츰 옮겨 갔을 것이라고 설명했습니다. 머제니치 교수의 올빼미원숭이 실험에서 중지 영역을 검지와 약지 영역이 차지해 버린 것처럼 말입니다.

》재활 훈련을 통해《 손상된 뇌의 기능을 회복해

이처럼 뇌의 놀라운 복원력은 뇌졸중과 같은 뇌신경 질환으로 인해 뇌의 일부가 손상된 환자들의 재활 훈련에도 쓰이고 있습니다. 갑작스러운 뇌졸중으로 인해 오른팔을 움직이는 뇌 영역인 왼쪽 대뇌의 운동 영역이 손상된 사람이 있다고 가정해 봅시다. 그는 빠르게 응급 조치를 받은 덕분에 오른팔을 움직일 수는 없어도 다행히 오른팔의 감각은 살아 있습니다. 이런 그에게 의사가 해줄 수 있는 일은 무엇일까요? 머제니치 교수의 올빼미원숭이 실험을 떠올린다면 답은 의외로 쉽습니다. 지금은 손상되어 없어진 오른팔을 움직이는 뇌 영역을 계속해서 호출해서 우리 뇌로 하여금 '지금 이 사람에게 이 기능이 필요하구나'라고 판단하게 하는 거죠. 그러면 손상된 영역 주위에 있는 '덜 쓰는' 뇌 영역에 오른팔의 운동 기능이 옮겨갈 수 있는 겁니다. 그런데 문제는 그가 오른팔을 전혀 움직일 수 없다는 데 있습니다. 움직일 수 없는데 어떻게 오른팔 운동 영역을 호출할 수 있을까요?

재활의학자들은 '자기 수용 감각'이라는 인간의 고유한 감각을 활용하면 된다는 사실을 알아냈습니다. 눈을 감은 채로 오른팔을 한번 움직여 보세요. 여러분은 눈으로 오른팔을 보고 있지 않아도 오른팔의 위치를 느낄 수가 있습니다. 손과 팔에 가해지는 중력과 함께 관절과 근육에 전달되는 감각 정보에 의해서 팔의 위치를 정확하게 파악할 수 있죠. 반대로 팔다리를 움직일 수 있지만 감각을 잃어버린 사람은 눈을 감은 상태에서는 어떤 물체도 잡지 못한답니다. 이처럼 자신의 팔다리 위치를 감지하는 감각을 자기 수용 감각이라고 합니다.

팔의 위치가 변함에 따라 자기 수용 감각 정보는 일단 체성감각 영역으로 전달되었다가 곧바로 운동 영역으로 전송됩니다. 운동 영역은 현재 팔의 위치를 파악해야지만 다음 운동을 준비할 수 있기 때문에 이 정보를 계속해서 받아들이죠. 따라서 오른팔을 움직일 수 없는 뇌졸중 환자는 누군가가 그의 팔을 잡고 흔들어 주는 것만으로도 오른팔의 운동 영역을 계속해서 호출할 수 있는 겁니다.

이런 원리로 뇌졸중에 걸린 환자가 꾸준한 재활 훈련을 통해 기능을 회복할 수 있답니다. 이처럼 신경 가소성은 손상된 뇌의 기능을 회복시킬 수 있을 만큼 강력합니다. 여러분들도 평생 공부하고 뇌를 훈련하면 '늙지 않는 뇌'를 가질 수 있을 거예요.

25

우리 뇌를 속일 수 있다고?

시각 정보를 조작하면 뇌가 일으키는 반응이 달라지게 됩니다. 우리 뇌는 나쁘게 말하면 '잘 속는 것'이고, 좋게 말하면 '환경 변화에 잘 적응하는 것'입니다. 뇌는 왜 잘 속는 걸까요?

유명한 뇌과학 실험 중에 '고무손 착각 실험'이라는 것이 있습니다. 미국의 뇌과학자인 매슈 보트비닉 교수와 조너선 코언 교수가 1998년에 제안한 실험입니다.

우선 실험 참가자의 왼손을 탁자 위에 올려놓게 한 뒤에 손이 보이지 않도록 검은 판으로 가립니다. 그리고 보이지 않는 왼손 대신에 고무로 정교하게 만든 왼손을 탁자 위에 올려놓습니다. 그런 다음에 실험자는 붓으로 가려진 왼손과 눈앞에 보이는 고무손을 동시에 살살 문질러요. 얼마간의 시간이 흐르고 난 뒤에 실험자가 참가자에게 묻습니다. "당신 왼손이 어디에 있는지 오른손으로 가리켜 보세요"라고요. 그러면 대부분의 사람들은 가려진 자신의 진짜 손이 아니라 고무손을 가리킨다고 합니다. 정말 신기하죠? 더욱 신기한 것은 고무손을 향해 날카로운 칼이나 바늘을 찌르는 시늉을 하면 실험 참가자들은 화들짝 놀라며 비명을 지르거나 자신의 진짜 손을 몸으로 끌어당기는 행동을 한다고 합니다.

영국의 뇌과학자 리처드 패싱엄 교수 연구팀은 2005년에 fMRI를 촬영하면서 고무손 착각 실험을 시도해 봤습니다. 진짜 손과 고무손을 동시에 붓으로 문지르다가 고무손을 뾰족한 바늘로 찌르려고 하자 우리 대뇌의 전대상회라는 영역의 활동이 크게 증가하는 현상을 관찰할 수 있었습니다. 이 부위는 신체의 통증이 예상될 때 활동하는 부위로, 우리 뇌가 고무손을 진짜 손처럼 느끼고 있다는 것이 증명된 거죠.

》 가짜 손을 계속 쓰면 《 진짜 자기 손으로 인식해

고무손 실험과 유사한 사례가 또 있습니다. 미국의 앤드류 슈워츠 교수는 뇌와 기계를 연결하는 기술인 뇌-기계 인터페이스 분야의 세계적인 권위자입니다. 슈워츠 교수는 2000년대 중반에 원숭이 대뇌의 운동 영역에 백여 개의 바늘 모양 전극을 촘촘하게 꽂아 넣고 뇌 신호를 실시간으로 분석해서 로봇 팔을 움직이게 하는 데 성공했습니다. 원숭이의 실제 팔은 움직이지 못하도록 꽁꽁 묶어 놓고 팔을 움직이려고 시도하면 실제 팔 대신에 로봇 팔이 움직이도록 만든 겁니다. 몇 주간의 훈련 이후 원숭이는 로봇 팔을 마치 자신의 팔인 양 자유자재로 움직여서 앞에 놓인 먹이를 집어 먹을 수 있게 되었습니다. 그런데 이때 예상치 못했던 아주 흥미로운 현상이 관찰되었습니다. 먹이를 다 집어 먹고 난 뒤에 지저분해진 로봇 손끝을 자신의 진짜 손을 닦듯 혀로 핥아서 깨끗하게 하는 모습이 관찰된 거죠. 몇 주 동안 로봇팔을 자신의 팔 대신에 쓰다 보니 로봇 팔을 자신의 진짜 팔처럼 인식하게 된 겁니다. 고무손 착각이나 원숭이가 한 행동을 가리켜 '체화'가 일어났다라고 합니다.

고무손 착각 현상은 의료 분야에서 활용되기도 합니다. 보통 사고나 질병으로 인해 한쪽 팔을 잃은 환자들은 상처가 모두 아문 뒤에도 사라진 팔에서 느껴지는 통증으로 인해 괴로워한다고 합니다. 아니, 없어진 팔에서 통증이 느껴진다고요? 팔은 사라졌지만 뇌에는 그 팔을 움직이거나 팔의 감각을 느끼는 부위가 그대로 남아 있기 때문입니다. 그 영역이 제멋대로 작동하면 없어진 팔의 감각이 느껴지는 거죠. 이런 현상을 환상지통이라고 부릅니다. 갑작스러운 환경 변화로 인해 뇌가 일종의 착각을 하는 거죠. 대부분은 1~2년 안에 통증이 사라지지만 수 년 동안 통증이 지속되기도 합니다.

이런 환자들에게 고무손 착각 현상을 응용할 수 있습니다. 오른손을 잃은 환자가 있다면 왼손을 탁자 위에 올려놓게 하고 가운데 거울을 놓아둡니다. 그러면 거울을 통해 마치 잃어버린 오른손이 있는 것 같은 착각을 느끼게 할 수 있겠죠. 환자는 왼손을 이리저리 움직여 가면서 통증이나 불편감을 없애는 훈련을 할 수 있습니다. 최근에는 거울을 쓰지 않고 가상 현실을 이용해서 마치 사라진 팔이 다시 생긴 것처럼 느끼게 한다거나 전자 의수를 장착해서 자신의 손처럼 느껴지게 하는 방법도 쓰이고 있답니다.

》 우리가 첨단 스마트 기기에 《 잘 적응하는 이유

우리 뇌는 주변 환경 변화에 적응하는 능력이 뛰어납니다. 2004년에 일본에서는 우리 뇌의 뛰어난 적응력을 잘 보여 주는 재미난 실험 결과를 발표했습니다. 일본의 한 연구원이 특수한 안경을 개발했습니다. 이 안경을 쓰면 원래 오른쪽 눈에 들어오는 영상이 뒤집혀서 왼쪽 눈에 보이고, 왼쪽 눈에 들어오는 영상은 오른쪽 눈에 보입니다. 쉽게 말해서 좌우가 뒤바뀌어 보이는 거죠. 그 연구원은 한 실험 참가자에게 안경을 착용한 상태로 자전거를 타게 했습니다. 원래 그 참가자는 자전거를 아주 잘 타는 사람이었는데 불과 5미터도 못 가서 쓰러졌죠. 그런데 이 안경을 쓴 채로 2주 동안 생활하게 했더니 안경을 쓰기 전처럼 자전거를 아주 잘 탈 수 있게 되었습니다. 평생 가져 왔던 습관이 단 2주 만에 바뀐 겁니다.

그런데 2주가 지난 뒤에 다시 안경을 벗고 자전거를 타게 했더니 어떤 일이 일어났을까요? 다시 5미터도 못 가서 쓰러졌다고 해요. 그 후로 자전거를 잘 탈 수 있게 되기까지 다시 2주의 시간이 필요했다고 합니다.

뇌의 이런 적응력은 빠르게 변하는 현대 사회에서 더욱 빛을 발하는 것 같습니다. 뇌의 빠른 적응력이 있기에 새로운 스마트 기기나 가상 현실과 같은 새로운 기술들이 쏟아져 나와도 곧잘 적응할 수 있으니까요.

26

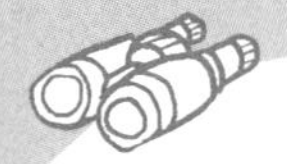

뇌파를 조절해 집중력을 높인다고?

사람의 뇌파를 측정해 뇌 상태를 알아내고 그 결과를 다양한 방식으로 그 사람에게 다시 보여 줌으로써 스스로 자신의 뇌 상태를 조절할 수 있게 하는 기술을 '뉴로피드백'이라고 합니다. 우리말로 '신경되먹임'이라고 하죠. 최근에는 이 기술을 이용한 다양한 제품들이 출시되고 있답니다.

얼마 전 대단원의 막을 내린 영화 시리즈인 〈스타워즈〉에는 특별한 초능력을 부여받은 제다이 전사들이 포스(force)를 이용해 물건을 집어 올리거나 던지는 장면이 자주 등장합니다.

미국의 장난감 회사 엉클 밀튼은 2009년에 '포스 트레이너'라는 이름의 장난감을 출시했습니다. 이 제품은 우주선 모양으로 생긴 본체와 가벼운 플라스틱 공, 그리고 이마엽에서 발생하는 뇌파를 측정할 수 있는 헤드셋으로 구성되어 있습니다. 뇌파 헤드셋을 이마에 착용하고 기계에 공을 올려놓은 다음, 마스터 제다이인 요다의 목소리에 맞춰 공에 정신을 집중하면 공이 떠오르기 시작합니다. 공은 집중력이 높아지면 높게 떠오르고 집중력이 흐트러

지면 바닥으로 떨어집니다. 장난감 사용자는 마치 자신이 포스를 이용해서 공을 떠오르게 하는 듯한 착각을 하게 되죠.

》뇌파를 측정해《 뇌를 조절하는 기술 뉴로피드백

포스 트레이너를 사용하는 사람들은 공을 떠오르게 하기 위해 노력하는 과정에서 자기도 모르는 사이에 집중하는 능력을 키우게 됩니다. 이 기술을 이용하면 주의력 결핍 과잉 행동 장애(ADHD)를 갖고 있는 아이들이 집중하는 방법을 배울 수 있겠죠.

캐나다의 폴 스윈글 박사는 2008년 자신의 책에 스스로 뇌 상태를 조절하는 뉴로피드백을 이용해 ADHD 환자들을 치료한 경험을 적었습니다. 스윈글 박사는 ADHD가 있는 아이들의 뇌파에는 정상 아동들의 뇌파보다 특정한 주파수의 비율이 높다는 사실을 발견했습니다. 스윈글 박사는 ADHD가 있는 아이들에게 영화 〈토이 스토리〉를 보여 주고, 뇌파에서 특정한 주파수가 커지면 영화를 중단시켰습니다. 그러다가 그 주파수가 감소하면 영화가 재생되도록 했죠. 놀랍게도 계속 영화를 보고 싶어 하는 아이들은 스스로 뇌파를 조절해서 영화가 중단되지 않도록 하는 방법을 터득했습니다. 이뿐만 아니라 아이들이 일상생활에 돌아가서도 치료를 받기 전보다 주의력이 더 높아지는 효과를 보였습니다. 최근 연구들에 따르면 뉴로피드백은 우울증, 불면증, 불안 장애 같은 다양한 정신 질환에도 효과가 있다고 합니다.

》다양한 뉴로피드백 장치로《 감정 조절도 가능해

뉴로피드백을 위해서 fMRI를 사용할 수도 있습니다. 2007년 독일의 안드레아 카리아 박사는 실시간 fMRI 기술을 이용해 실험 대상자가 뇌의 오른쪽 뇌섬엽★의 활동을 스스로 조절하게 하는 실험을 했습니다. 뇌섬엽이라는 부위는 화난 얼굴과 같이 부정적인 감정에 대해 반응하는 뇌 부위입니다. 카리아 박사는 실험 대상자에게 섬엽의 활동을 막대그래프로 보여 주면서 스스로 뇌섬엽의 활동을 높이는 훈련을 하게 했습니다. 그랬더니 놀랍게도 똑같은 영상을 보았을 때 훈련 전보다 더 부정적인 감정을 갖게 되었습니다. 이 기술을 반대로 이용하면 감정을 잘 조절하지 못하는 사람들이 스스로 감정을 조절하는 법을 익힐 수도 있겠죠.

최근에는 포스 트레이너 이외에도 다양한 휴대용 뉴로피드백 장치를 찾아볼 수 있습니다. 캐나다 회사인 인터락손은 '뮤즈'라는 이름의 뇌파 헤드셋을 판매하고 있습니다. 이 장치를 착용하면 스마트폰과 연동해서 마음을 편안한 상태로 만들어 주는 명상 훈련을 할 수 있습니다. 머리에 헤드셋을 착용하고 스마트폰에 명상 앱을 실행시키면 스마트폰에서 빗소리가 들려오기 시작합니다. 마음이 복잡하고 어지러우면 빗소리가 거세지면서 천둥 소리

★ 대뇌 반구에서 '가쪽 고랑' 깊숙이 묻혀 있는 대뇌의 피질 부분.

가 들리죠. 그러다가 마음이 평안을 되찾으면 빗소리가 그치고 새가 지저귀는 소리가 들리기 시작합니다. 훈련 시간 동안 계속해서 새가 지저귀도록 노력하면 마음이 편안해지고 스트레스가 줄어드는 효과를 볼 수 있답니다.

앞으로 이런 종류의 휴대용 뉴로피드백 장치가 더 널리 보급된다면 '뇌 학습'이라고 불리는 새로운 학습 방법이 생겨날 가능성도 있습니다. 학생들은 교실에서 무선 뇌파 헤드셋을 착용하고 앉아 있고, 선생님은 교탁에 있는 컴퓨터로 학생들 하나하나의 주의 집중도를 실시간으로 관찰하면서 필요할 때마다 뉴로피드백을 이용해서 집중도를 향상시키는 장면이 10년 뒤 우리 교실의 모습이 될지도 모릅니다.

27

왜 꿈을 꿀까?

여러분은 하루에 잠을 몇 시간 자나요? 우리나라 사람들의 평균 수면 시간은 8시간에 조금 못 미친다고 합니다. 하루에 8시간 잠을 잔다면 인생의 1/3을 잠을 자며 보내는 셈이죠. 잠을 잘 때 종종 꿈을 꾸곤 하는데 도대체 꿈은 왜 꾸는 걸까요?

예전부터 잠을 자는 시간을 아깝다고 생각한 사람들이 많이 있었습니다. 토머스 에디슨은 잠을 자는 시간을 인생의 낭비라고 생각한 대표적인 사람이죠. 실제로 에디슨은 평생 동안 하루에 4, 5시간을 잤고, 전기 자동차로 유명한 테슬라의 대표 일론 머스크는 하루에 5, 6시간 잔다고 합니다.

수면 시간이 짧으면 보통은 뇌와 신체가 충분한 휴식을 취하지 못해 인지 능력이나 면역력이 떨어지게 됩니다. 하지만 에디슨이나 머스크처럼 짧게 수면을 해도 괜찮은 사람들도 있습니다. 잠을 자는 시간도 어느 정도는 유전에 의해 결정된다니 저처럼 잠이 많은 사람들은 에디슨이나 머스크가 부러울 따름입니다.

》 4번이나 꾸는 꿈이 《 왜 잘 기억나지 않을까?

우리는 자는 동안 1시간 반 정도를 주기로 깊은 잠과 얕은 잠을 반복합니다. 얕은 잠 상태일 때를 렘(REM)수면이라고 부르는데, REM은 'Rapid Eye Movement'의 약자입니다. 우리말로 하면 '아주 빠른 눈 운동' 정도가 되겠네요. 실제로 이 수면 단계에서는 눈동자가 아주 빠르게 움직입니다. 자고 있는 사람의 눈꺼풀이 실룩실룩하며 움직이는 모습이 관찰된다면 그 사람은 지금 렘수면 단계에 있는 겁니다.

사람은 주로 렘수면 때 꿈을 꿉니다. 가장 얕은 수면 단계일 때 꿈을 꾸기 때문에 꿈을 꾸다가 깨는 경우가 많습니다. 그래서 깨기 직전에 꾼 꿈은 기억이 나는 경우가 많죠. 하지만 자는 도중에 적어도 4번은 꿈을 꾸는데 왜 이 꿈들은 도통 기억이 나질 않을까요? 뇌과학자들은 꿈이 기억에 저장될 만큼 중요하지 않을 뿐만 아니라 꿈의 내용이 현실에서 행동으로 이어지지 않기 때문이라고 설명합니다. 실제로 꿈에는 비현실적인 장면이나 말도 안 되는 상황이 많이 등장하죠. 아직도 꿈을 왜 꾸는지에 대한 이유는 명확하게 밝혀지지 않았지만 평소의 생각이나 경험, 일상, 심리 상태 등이 꿈의 내용을 좌우한다는 것만은 확실해 보입니다. 놀라서 잠에서 깨는 무서운 꿈을 꾸었다면 마음속 깊은 곳에 공포나 불안이 자리 잡고 있을지도 모른다는 얘기죠.

역사적으로 보면 꿈을 통해 새로운 발견을 했다는 일화들이 더러 있습니다. 그중 가장 잘 알려진 일화는 탄소 화합물인 벤젠의 구조를 발견한 독일의 화학자 아우구스트 케쿨레의 이야기입니다. 케쿨레는 벤젠의 구조에 대해서 고민하던 어느 날, 뱀이 자기 꼬리를 물고서 빙글빙글 돌고 있는 꿈을 꾸었다고 합니다. 케쿨레는 꿈에서 깨자마자 벤젠이 고리 형태의 구조를 가지면 어떨까 하는 생각을 하게 되었고 결국 벤젠의 육각형 구조를 알아낼 수 있었다고 합니다. 이런 몇몇 사례들 때문에 꿈이 인간에게 영감을 준다고 믿는 사람도 있습니다.

》꿈은 정보의 부산물《
또는 감정의 정화 과정

하지만 대부분의 뇌과학자들은 케쿨레의 사례는 단순한 우연에 불과하다고 생각합니다. 꿈은 깨어 있는 동안 경험한 수많은 정보들을 정리하는 과정에서 만들어지는 부산물이거나 하루 동안 느꼈던 다양한 감정을 정화하는 과정이라고 여겨지고 있죠.

꿈을 꾸는 동안 뇌의 활동을 관찰해 보면 깨어 있을 때의 뇌 활동과 거의 비슷한 정도의 활동이 관찰됩니다. 깊은 잠에 빠졌을 때 낮아졌던 심장 박동수도, 깨어 있을 때와 비슷한 수준으로 회복되죠. 하지만 꿈을 꾸는 동안 온몸의 근육은 마비되어서 움직이지 못합니다.

만약 꿈을 꾸는 동안에 팔다리를 움직일 수 있다면 어떤 일이 일어날까요? 꿈속에서 권투 시합을 하면 옆에서 자고 있는 사람의 몸이 멍투성이가 되고, 달리기를 하면 침대 모서리에 발을 부딪치겠죠. 그런데 실제로 렘수면 때 근육이 마비되지 않고 움직이는 병을 가진 사람들이 있습니다. 렘수면 행동 장애라는 병으로, 200명 당 1명이 걸리는 드물지 않은 질환입니다. 렘수면 행동 장애에 걸리면 자면서 팔다리를 움직이는 것은 물론이고 웃거나 고함을 지르고, 심한 경우에는 욕을 하기도 합니다. 다행히 약을 먹으면 나아진다고 하지만 이 병에 걸리면 치매나 파킨슨병으로 발전하는 경우가 많다고 하니 앞으로도 많은 연구가 필요할 것 같습니다.

28

왜 어떤 기억은 저장되고 어떤 기억은 지워질까?

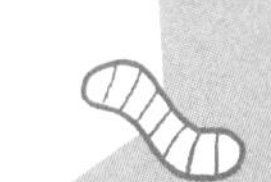

"수업 시간에 배운 것들을 모조리 기억할 수 있다면 얼마나 좋을까요?", "왜 꼭 외우려는 것들은 잘 잊어버리고 쓸데없는 것들은 기억이 날까요?" 같은 질문을 종종 받습니다. 우리 머릿속에는 신경 세포가 충분히 많은 데 왜 어떤 기억은 저장이 되고 어떤 기억은 지워지는 걸까요?

2015년에 개봉한 〈인사이드 아웃〉이라는 만화 영화에는 주인공인 '라일리'의 머릿속에 기쁨이, 슬픔이, 버럭이, 까칠이, 소심이라는 다섯 캐릭터가 살고 있는 것으로 그려집니다. 그런데 주인공이 깊은 잠에 빠져 있는 동안에 이 다섯 캐릭터들은 하루 동안에 있었던 일들이 저장되어 있는 구슬을 하나씩 들여다보면서 중요하다고 생각하는 기억은 장기 기억 보관소로 보내고 필요 없다고 생각하는 기억은 망각의 계곡으로 던져 버립니다. 실제로 우리가 깊은 잠에 빠져 있을 때 우리 뇌에서 일어나는 일을 재미있게 묘사한 것으로, 영화에서 머릿속 캐릭터들이 한 일을 전문 용어로 '기억 경화'라고 합니다.

》기억할 것을 결정하는 건《 뇌의 무의식

그런데 도대체 우리 인간은 왜 망각이라는 걸 할까요? 하루 동안에 일어났던 일들을 모두 기억할 수 있다면 공부가 너무나도 쉬워질 텐데 말이죠. 인간이 망각을 할 수밖에 없는 이유는 기억을 만들어 내는 데 에너지가 필요하기 때문이랍니다. 좀 더 정확히 말하자면 장기 기억을 뇌에 기록할 때는 단백질이 필요해요. 우리 뇌가 쓸 수 있는 에너지와 영양분은 제한되어 있기 때문에 우리가 모든 것을 기억할 수 없는 거죠.

그렇다면 도대체 어떤 것을 기억하고 어떤 것을 망각할 것인지는 어떻게 결정되는 걸까요? 앞서 이야기했듯 우리 머릿속에 살고 있는 기쁨이, 슬픔이, 버럭이 등이 결정하는 겁니다. 이 친구들은 실제로 우리 뇌의 무의식이라는 곳에 살고 있습니다. 무의식은 우리가 의식하지 못하는 뇌 활동 전체를 일컫는 말입니다. 〈인사이드 아웃〉을 보면 주인공이 잠에 빠져 있는 동안 기쁨이와 버럭이가 어떤 기억을 장기 기억 보관소로 보낼 것인지를 두고 다투는 장면이 등장합니다. 우리가 깨어 있는 동안 뭔가를 아무리 의식적으로 기억하려고 노력해도 뇌가 중요하다고 느끼지 않으면 우리 머릿속에서 지워질 수도 있다는 얘기죠. 어려운 영어 단어를 암기할 때 반복적으로 쓰면서 외우는 것은 어쩌면 우리 무의식에

게 '이 단어는 중요하니까 꼭 장기 기억으로 보내 주세요'라고 부탁하는 것일지도 모릅니다.

》장기 기억을 잘하는 방법은《 깊은 잠을 오래 자기

그렇다면 장기 기억을 잘 하려면 어떻게 해야 할까요? 갑자기 여러분의 눈이 반짝이는 게 느껴지네요. 일단 잠을 깊게 잘 자야 합니다. 기억 경화는 우리가 얕은 잠을 잘 때는 잘 일어나지 않고 아주 깊은 잠을 잘 때 주로 일어나기 때문입니다. 우리가 밤에 잠을 잘 때는 한 시간 반 정도를 주기로 자다 깨다를 반복하는데, 가장 깊은 잠에 들었을 때의 뇌파를 측정해 보면 1초에 한 번 또는 두 번 오르락내리락 하는 아주 느린 파형이 관찰이 됩니다. 우리는 이 수면 단계를 느린 뇌파의 수면이라는 뜻에서 '서파 수면'이라고 부릅니다. 기억 경화는 주로 이 서파 수면 시기에 일어납니다. 따라서 서파 수면 단계에 다다를 수 있도록 깊은 잠을 자야 하고, 최대한 서파 수면을 오래 유지해야 전날에 있었던 일들을 더 잘 기억할 수 있겠죠.

혹시 수업 시간에 배운 내용이 기억에 잘 남지 않는 것 같다면 여러분의 수면 환경을 한번 점검해 보는 것은 어떨까요?

5장

뇌 기능이 떨어지면 어떻게 치료할까

29

뇌 커넥톰 지도가 뭘까?

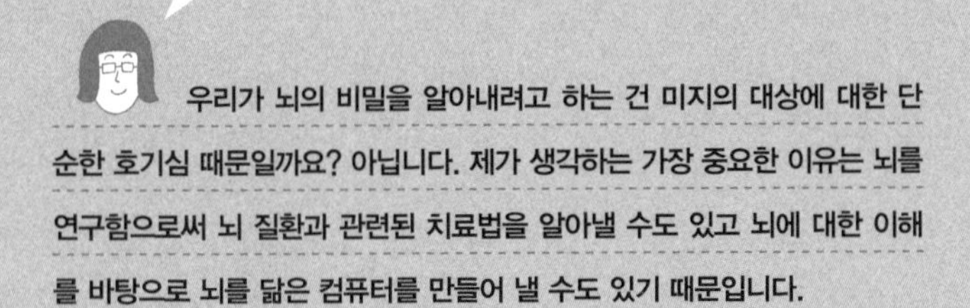

우리가 뇌의 비밀을 알아내려고 하는 건 미지의 대상에 대한 단순한 호기심 때문일까요? 아닙니다. 제가 생각하는 가장 중요한 이유는 뇌를 연구함으로써 뇌 질환과 관련된 치료법을 알아낼 수도 있고 뇌에 대한 이해를 바탕으로 뇌를 닮은 컴퓨터를 만들어 낼 수도 있기 때문입니다.

우리 뇌에는 다양한 병이 생길 수 있습니다. 최근 뇌과학이 크게 발달했지만 아직 완벽한 치료법이 나와 있는 뇌 질환은 거의 없습니다. 치매는 65세가 넘으면 발생 확률이 5년마다 2배씩 증가하는 무서운 질환이지만 아직까지 왜 치매에 걸리는지 명확히 밝혀지지 않았을 뿐만 아니라 치료제도 없습니다. 평균 수명은 점점 길어지는데 치매를 정복하지 못하면 치매로 인한 사회적인 부담은 커질 겁니다.

» 뇌의 비밀을 캐내기 위해서는 «
뇌 지도가 꼭 필요해

여러분도 요즘 인공 지능에 대해 관심이 많죠? 그런데 최근 주목받고 있는 '딥 러닝'이라는 기술은 뇌의 정보 처리 과정을 모방해서 만들어졌습니다. 인공 지능이 바둑이나 퀴즈 쇼 같은 분야에서 인간을 상대로 승리를 거두고 있지만 인간의 직관력이나 창의력은 따라잡지 못하죠.

더욱 놀라운 사실은 인간의 뇌가 사용하는 에너지를 전기 에너지로 환산하면 여러분들 가정에서 사용하는 50센티미터 길이의 형광등을 켜는 데 필요한 에너지인 약 20와트 정도밖에 안 된다는 겁니다. 그런데 우리 뇌 속에 있는 신경 세포의 수와 같은 수의 트랜지스터를 가진 슈퍼컴퓨터를 작동시키는 데 필요한 에너지는 어느 정도일까요? 무려 2메가와트입니다. 뇌가 쓰는 에너지의 약 10만 배에 해당하죠. 여러분들 모두가 머릿속에 지구상에서 가장 효율이 높은 컴퓨터를 하나씩 장착하고 다니는 셈입니다. 인공 지능을 연구하는 학자들은 인간 뇌의 비밀을 알아내 새로운 인공 지능 알고리즘을 만들어 내면 적은 에너지로도 더 뛰어난 성능을 발휘할 수 있을 것이라고 믿고 있습니다. 우리가 밝혀 낸 뇌의 비밀은 10퍼센트도 안 되니까요.

600년 전, 대항해 시대 때 선원들은 어떻게 바닷길을 개척했을까요? 지금이야 인공위성을 이용한 지구 위치 결정 시스템(GPS)을 이용하면 언제 어디서나 쉽게 길을 찾을 수 있지만 당시 선원들에게 허용된 도구는 지도와 나침반뿐이었습니다. 그들에게 나침반과 지도가 없었다면 인류의 역사는 지금과 많이 달라졌을지도 모릅니다.

뇌의 비밀을 밝혀내기 위해서도 지도는 반드시 필요합니다. 앞에서 독일의 신경학자 브로드만이 대뇌 피질을 52개의 영역으로 분할한 브로드만 영역이라는 것을 만들었다고 했죠. 브로드만 영역은 뇌 연구를 위한 최초의 지도입니다. 하지만 우리의 뇌가 만들어 내는 복잡한 사고, 인식, 기억 과정을 모두 설명하기에 52개 영역은 턱없이 부족하죠.

》 뇌의 신경 세포 연결 지도 《
인간 커넥톰 프로젝트

뇌과학자들은 '뇌의 기능이 특정한 영역에서 발현되는 것이 아니라 영역과 영역 사이에 정보를 주고받는 과정에서 만들어지는 것이 아닐까?'라고 생각했습니다. 그래서 뇌의 영역과 영역, 신경 세포와 신경 세포가 어떻게 연결되어 있는지를 알아내어 지도로 만들기로 했습니다. 이것이 바로 '인간 커넥톰 프로젝트'라는 21세기형 인간 게놈 프로젝트입니다.

'커넥톰(connectome)'은 연결을 뜻하는 말인 'connectivity'와 유전체를 뜻하는 말인 'genome'이라는 말을 조합한 신조어입니다. 인간이 유전체 지도를 완성했듯이 뇌의 연결성 지도를 만들어 내겠다는 강한 의지가 보이지 않나요?

그런데 현실은 그리 녹록지 않습니다. 인간 유전체 지도를 만들기 위한 인간 게놈 프로젝트에서 해독한 염기 서열의 쌍은 총 30만 개였습니다. 이 서열을 모두 알아내는 데 꼬박 13년이 걸렸죠. 그런데 인간 뇌의 연결성 지도인 커넥톰에서 알아내야 할 연결 쌍의 개수는 몇 개일까요? 무려 100조 개에 달합니다. 현재 분석 기술로는 인간 뇌의 완전한 커넥톰을 알아내는 것은 불가능에 가까워 보입니다.

하지만 인간 게놈 프로젝트 초기에는 한 사람의 유전체를 분석하는 데 13년이나 걸렸지만 이제는 채 하루도 걸리지 않게 되었습니다. 염기 서열을 고속으로 분석하는 '차세대 염기 서열 분석'이라는 기술이 개발되었기 때문입니다. 이 기술이 보급되면서 이제는 개개인의 유전체를 분석해서 특정한 질병에 걸릴 확률을 알아내는 것도 가능해졌습니다.

전 세계의 뇌과학자들은 지금 이 순간에도 인간 뇌의 커넥톰을 빠르고 정확하게 분석하기 위한 새로운 방법을 개발하기 위해 밤을 지새우고 있습니다. 이런 뇌과학자들의 노력에 힘입어 우리 뇌의 신비를 밝혀내고 뇌 질환의 치료법을 알아낼 커넥톰 지도가 곧 탄생하리라 믿습니다.

30

치매는 왜 생길까?

우리나라의 평균 기대 수명은 약 83세로, 불과 60여 년 전 52.4세보다 30년이나 늘어났습니다. 의학 기술이 빠르게 발전하면서 평균 수명은 꾸준히 늘고 있지만 그에 따라 새롭게 생겨나는 걱정거리도 있습니다. 바로 치매입니다. 치매는 왜 생기고 어떻게 치료할까요?

치매는 대표적인 노인성 질환이지만, 아직까지 치료법이 없는 병입니다. 앞에서도 이야기했듯이 65세가 지나면 나이가 5살 많아질 때마다 치매에 걸릴 확률이 2배씩 높아져서 80세가 넘으면 무려 20퍼센트가 넘는 노인들이 치매에 걸리게 됩니다. 그러다가 95세가 되면 치매에 걸릴 확률이 걸리지 않을 확률보다 커지게 됩니다.

치매는 퇴행성 뇌 질환의 일종입니다. 이 말은 시간이 지나면서 치매의 증상은 나빠지는 방향으로만 진행하지 절대로 다시 회복되지 않는다는 뜻입니다. 아주 초기 단계에 진단하면 약물 치료를 통해 진행 속도를 늦출 수만 있을 뿐이죠.

우리가 보통 영화나 드라마에서 보는 치매 환자는 가벼운 건망증에서부터 시작해서 점차 과거의 기억을 잊어갑니다. 이런 치매를 알츠하이머병이라고 부릅니다. 노인성 치매의 대부분은 알츠하이머병인데, 저는 알츠하이머병을 '세상에서 가장 잔인한 병'이라고 부릅니다. 이 병에 걸리게 되면 사랑하는 가족이 누구인지도 알아보지 못하게 되고 심지어 자신이 누구인지도 잊어버리게 되니까요.

» 뇌가 위축되며 기능이 떨어지는 « 알츠하이머병

알츠하이머병에 걸리면 뇌가 쪼그라듭니다. 흔히들 뇌가 '위축'된다고 표현하는데, 이때 가장 먼저 위축되는 뇌 부위가 바로 '해마'

입니다. 단기 기억을 장기 기억으로 바꿔 주는 해마가 제 역할을 못하게 되니까 얼마 지나지 않은 일들도 까마득히 잊어버리게 되는 거죠.

치매가 계속 진행되면 해마뿐만 아니라 뇌의 여러 부위에서 동시다발적으로 뇌가 위축됩니다. 이마엽 부위가 위축되면 판단력이 떨어지거나 감정 절제가 어려워지고, 언어 관련 부위가 위축되면 말이 어눌해지죠.

알츠하이머병에 걸린 환자의 뇌를 살펴보면 '베타 아밀로이드'라는 단백질이 쌓여서 형성된 플라크라는 물질이 많이 관찰됩니다. 그래서 뇌과학자들은 베타 아밀로이드 플라크가 치매의 원인 물질이라고 굳게 믿어 왔습니다. 그 덕분에 지난 20여 년 동안 베타 아밀로이드 플라크를 없애거나 베타 아밀로이드가 생성되지 않게 하는 약물들이 많이 개발되었죠. 동물 실험에서는 성공적인 결과가 나와서 곧 치매를 치료할 수 있을 것이라는 기대감이 커졌습니다.

그런데 최근 들어 이런 약물들이 실제 치매 환자에게는 효과가 거의 없거나 부작용이 커서 임상 시험을 통과하지 못하는 일들이 생기고 있습니다. 2019년 4월에는 치매 신약으로 큰 기대를 모았던 '베루베세스타트'에 대한 임상 시험이 중단되었습니다. 초기 임상 시험에서는 이 약을 투여한 환자의 뇌에서 베타 아밀로이드 플라크가 90퍼센트까지 감소하는 효과를 보여 치매 치료에 엄청난 전기를 가져올 것으로 기대를 모았습니다. 하지만 이후 약한 인지 장애가 있는 환자를 대상으로 한 임상 시험에서는 플라크가 감소했지만 인지 장애는 완화되거나 진행 속도가 느려지지 않았습니다. 이런 결과들이 반복되자 뇌과학자들은 베타 아밀로이드가 정말 치매를 일으키는 물질이 맞는지에 대해 의문을 갖기 시작했습니다.

이런 상황에 기름을 끼얹는 연구 결과가 2020년 발표되었습니다. 미국의 켈시 토머스 박사 연구팀은 베타 아밀로이드 플라크가 생겨나기 전부터 이미 치매에 의해 인지 기능이 떨어지기 시작한다는 사실을 밝혀냈습니다. 어쩌면 베타 아밀로이드 플라크가 치매의 원인 물질이 아니라 치매로 인해서 생겨난 부산물일지도 모른다는 가설이 힘을 받게 되었죠. 치매 신약 연구를 다시 원점에서 시작해야 하는 상황이 된 겁니다.

» 치매를 치료하는 약물은 « 여전히 개발 중

다행히 아직 희망은 남아 있습니다. 베타 아밀로이드가 치매의 원인 물질이 아니라는 사실이 밝혀지자 베타 아밀로이드에 가려져 있던 또 다른 후보 원인 물질인 '타우'라는 단백질이 주목을 받습니다. 타우 단백질은 건강한 경우에는 신경 세포의 활동을 돕지만, 변형된 경우 치매에 기여하는 것으로 밝혀졌습니다. 최근 연구 결과에 따르면 타우 단백질이 많이 모인 뇌 영역이 뇌가 위축된 부위와도 잘 일치한다고 합니다. 많은 뇌과학자들은 이제 타우 단백질을 없애기 위한 약물을 찾기 위해 많은 노력을 기울이고 있습니다. 하루빨리 치매를 치료할 수 있는 약물이 개발되어 '잔인한 병'인 치매가 완치되는 날이 오기를 바랍니다.

31

뇌를 이식할 수 있을까?

뇌는 온전하지만 뇌와 근육을 이어 주는 신경이 끊어져서 사지마비 상태가 된 사람과 신체는 건강하지만 뇌의 활동이 멈춘 뇌사자가 있다고 가정해 봅시다. 사지마비 상태인 사람의 뇌를 뇌사자의 신체에 이식할 수 있다면 건강한 신체를 가진 사람으로 다시 태어날 수 있지 않을까요? 이런 일이 가능할까요?

누군가의 몸속 장기가 손상되면 다른 사람의 장기를 이식받는 경우가 있습니다. 이식이 가능한 대표적인 장기에는 간, 신장, 심장, 안구 등이 있죠. 그렇다면 과연 사람의 뇌도 이식할 수 있을까요?

물론 너무나도 복잡하고 민감한 장기인 뇌를 이식하는 것은 절대 쉬운 일이 아닐 겁니다. 뇌과학자들에 따르면 한 사람의 머리를 다른 사람의 몸에 이식하는 것이 이론적으로 가능하다고 합니다. 인간의 척수에 있는 신경 섬유 다발은 신경의 종착지에 따라 조금씩 다른 색깔을 띠고 있기 때문에 접합이 가능합니다. 다만 1초 이내의 아주 짧은 시간에 모든 신경과 혈관을 접합해야 하기 때문에 보통의 수술 방법으로는 불가능한 것뿐이죠.

그런데 2015년 이탈리아의 신경외과 의사 세르조 카나베로가 사람의 머리를 이식하는 수술을 하겠다고 선언해서 의학계가 발칵 뒤집어진 적이 있습니다. 카나베로 교수는 사람의 체온을 12~15도 정도로 낮추면 1시간 정도 피의 흐름 없이도 생존이 가능하기 때문에 시간을 벌 수 있을 것이라고 생각했습니다.

» 원숭이 머리 이식 수술은 « 성공했다고?

실제로 1971년에 미국의 로버트 화이트 교수가 살아 있는 원숭이 머리를 1시간 이내에 이식해서 9일간 생존시키는 데 성공했다는 기록이 있지만 그 진위를 확인하기는 어렵습니다. 다른 원숭이의 머리를 이식받은 원숭이는 수술 후에 깨어나 눈을 뜨고 음식의 맛을 보기도 했지만 9일 후 죽었다고 알려졌습니다. 하지만 원숭이가 정확히 며칠 동안 살아 있었는지 명확하지 않습니다. 화이트 교수는 이 수술로 머리 이식의 선구자로 불리게 되었지만, 남은 일생 동안 동물 보호론자들의 끊임없는 살해 협박에 시달렸다고 합니다.

카나베로 교수도 사람을 대상으로 하는 머리 이식 수술의 예행 연습 격으로 2016년에 원숭이 머리 이식 수술을 실제로 시도했습니다. 그는 중국 의료진과 함께 수술을 진행했습니다. 수술에 성공했다는 공식 발표와는 달리 혈관은 연결되었지만 신경 연결에는 실패해서 원숭이가 결국 사지마비 상태에 놓이게 되었다고 합니다. 그럼에도 카나베로 교수는 2017년 말에 러시아의 발레리 스피리도노프라는 30대 남성을 대상으로 머리 이식 수술을 실행하겠다고 발표해서 또 한 번 세상을 놀라게 했죠. 전 세계의 수많은 사람들이 윤리적인 문제와 수술 실패를 걱정하며 카나베로 교수를 비난하기 시작했습니다. 불행인지 다행인지 카나베로 교수는 130억원에 달하는 수술 비용을 지원해 줄 후원자를 찾지 못해서 결국 수술은 취소되었다고 합니다.

아직 머리 이식도 불가능한 수준인데 뇌 이식은 더더욱 먼 미래의 이야기입니다. 사람마다 두개골의 크기와 뇌의 형태가 모두 다르기 때문에 뇌만 끄집어내서 이식하는 것은 머리를 이식하는 것과는 차원이 다르기 때문입니다.

» 내 뇌가 다른 사람 머리에 들어가면 « 그건 나일까, 그 사람일까?

인터넷에는 '뇌 이식'에 대한 상상의 글이 넘쳐 나고 있습니다. 많은 영화나 만화의 소재가 되기도 했죠. 뇌 이식이 성공 가능성 여부를 떠나서 윤리적으로도 아주 흥미로운 주제이거든요. 내 뇌가 다른 사람의 뇌가 있던 자리에 들어가면 과연 그 사람은 나일까요, 아니면 그 사람일까요? 이처럼 논쟁하기 좋은 소재가 또 있을까요?

실제로 검색 사이트에서 '뇌 이식'을 검색하면 연관 검색어에 '전신 이식'이라는 말이 등장합니다. '뇌가 곧 나'이기 때문에 내 뇌가 옮겨 가는 것이 아니라 다른 사람의 전신이 이식되어 온다고 보는 것입니다. 여러분도 친구들과 함께 '뇌 이식'을 주제로 한번 토론을 해 보는 것은 어떨까요?

32

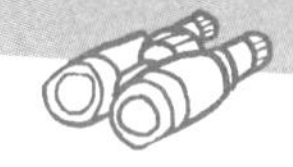

인공시각을 만들 수 있다고?

평생 앞을 보지 못하고 산 헬렌 켈러는 자신을 '존재하지 않는 세계에서 사는 유령'이라고 묘사했습니다. 그녀는 단 3일 만이라도 눈을 뜨고 세상을 바라볼 수 있기를 간절히 소망했다고 하죠. 하지만 최근에는 첨단 생체공학 기술이 시각 장애인들에게 잃어버린 시각을 되찾아 주고 있습니다.

시각 장애인들이 조금이나마 앞을 볼 수 있도록 생체공학자들이 가장 먼저 시도한 방법은 '인공 망막'이라고 불리는 기술입니다. 실명을 일으키는 원인 중에는 망막 색소 변성증이나 황반 변성처럼 망막에 생기는 질환이 있습니다. 인간의 망막에는 빛을 전기 신호로 바꿔서 뒤통수엽에 있는 대뇌 시각 피질로 전달하는 광수용체 세포가 자리 잡고 있습니다. 이 세포가 손상되면 빛이 망막에 도달해도 전기 신호가 생겨나지 않아 빛을 인지할 수가 없게 됩니다.

» 영상을 분석해 « 전기 신호를 보내는 인공 망막

인공 망막은 카메라로 촬영한 영상을 분석해서 광수용체 세포 위치에 전기 신호를 흘려 주는데, 인공 망막에 붙어 있는 전극들이 광수용체 세포 역할을 대신하는 셈입니다. 2013년에 미국의 생체공학 회사인 세컨드 사이트가 '아거스II'라는 이름의 인공 망막을 출시해 시각 장애인들이 빛을 볼 수 있게 되었습니다.

하지만 아거스II 인공 망막에는 광수용체 세포 역할을 하는 전극이 60개밖에 들어 있지 않습니다. 다시 말해 이 인공 망막을 이용해서 볼 수 있는 영상의 해상도는 60화소가 최대라는 얘기죠. 이 정도면 인공 망막을 이식받은 환자는 사람의 윤곽이나 사물의 형체를 대략적으로 파악하는 것 정도가 가능합니다. 물론 시각 장애인이 안내견의 도움 없이 거리를 걸을 수 있다는 것은 엄청난 발전이기는 하지만 여전히 책을 읽거나 영화를 볼 수 없다는 점은 아쉬운 부분입니다. 아거스II가 60화소의 영상밖에 만들지 못하는 이유는 간단합니다. 아거스II에서 흘려 주는 전류가 퍼져서 흐르기 때문에 많은 세포가 동시에 자극되기 때문입니다.

그럼 어떻게 하면 인공 시각이 만드는 영상의 해상도를 높일 수가 있을까요? 두 가지 방법이 있습니다. 첫 번째 방법은 광유전학이라는 기술을 사용하는 것입니다. 광유전학은 특정한 파장의 빛에만 반응하는 단백질을 신경 세포에 집어넣은 다음 빛을 쪼여 신경 세포가 활동하도록 만들어 주는 기술이죠. 망막에 있는 시신경 세포에 채널로돕신이라는 단백질을 넣고 특정한 망막 위치에만 빛을 쪼이면 됩니다. 빛은 전류와 달리 직진하는 성질을 가지기 때문에 특정한 세포만 골라서 자극할 수 있죠.

2011년 미국의 앨런 호사저 교수 연구팀은 광유전학 기술을 이용해 눈이 먼 생쥐의 시력을 회복시키는 데 성공했다고 발표했습니다. 문제는 채널로돕신이라는 단백질을 시신경 세포에 넣기 위해 바이러스 운반체라는 것을 사용하는데, 이것이 인체에 부작용을 일으킬 가능성이 있다는 것입니다. 이뿐만 아니라 시신경 세포를 자극하기 위한 빛은 에너지가 강하기 때문에 오래 사용하면 세포가 손상될 가능성도 있죠.

또 다른 방법은 우리 뇌의 시각 피질에 전극을 집어넣어 신경 세포를 직접 자극하는 것입니다. 우리 대뇌의 시각 피질은 시각 위상이라는 성질을 가집니다. 우리가 보는 장면이 작은 화소들로 구성되어 있다면 이 화소 하나하나가 시각 피질에 있는 신경 세포 하나하나에 일대일 대응이 된다는 것이죠. 따라서 시각 피질에 있는 신경 세포 위에 전극을 조밀하게 붙이고 카메라에서 보이는 영상에 맞춰 전기 신호를 흘려 주면 됩니다. 시각 피질의 면적이 망막에 비해서 훨씬 넓고 신경 세포의 밀도도 낮기 때문에 훨씬 해상도가 높은 영상을 만들어 낼 수 있습니다.

아거스II를 만들었던 세컨드 사이트는 2017년부터 시각 장애인을 대상으로 뇌에 전극을 이식하는 방식의 '오리온'이라는 인공 시각을 시험하기 시작했습니다.

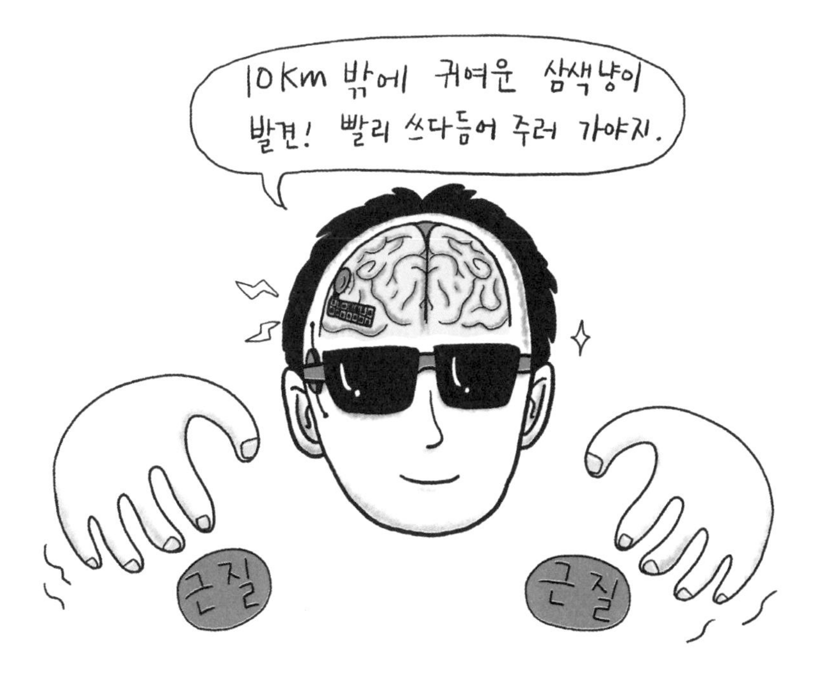

» 인공 시각 기술이 발달하면 «
초인적 시각 능력을 가질 수도 있어

기술이 더욱 발전하면 영화에서나 등장할 법한 초인적인 시각 능력을 가진 사람들이 나타날 수도 있습니다. 인공 시각 기술은 카메라에서 받아들인 디지털 영상 정보를 보여 주는 것이기 때문에 이 기술을 이용하면 카메라의 줌 기능처럼 멀리 있는 사물을 자유롭게 확대해서 볼 수 있습니다. 적외선 카메라를 장착하면 칠흑 같은 밤에도 사물을 또렷하게 볼 수 있죠. 이뿐만 아니라 인공 시각을 컴퓨터에 연결하면 영화나 사진을 뇌로 직접 전달해서 볼 수도 있습니다. 이쯤 되면 미래에는 보통 사람들 중에도 머릿속에 인공 시각 장치를 이식하고 싶어 하는 사람들이 생겨날 수 있지 않을까요?

33

빛과 소리로 뇌를 조절한다고?

드론 같은 소형 비행체를 이용해 적진을 정탐하는 장면은 이제 영화에서도 진부한 장면이 될 정도로 우리에게 익숙해졌습니다. 여기서 더 나아가 살아 있는 새나 쥐, 심지어 곤충의 뇌에 전자 장치를 이식해서 원격 조종을 하는 기술이 개발되고 있습니다.

2017년 미국 회사 드레이퍼와 하워드 휴즈 의료 센터는 광유전학 기술을 이용해 원격 조종이 가능한 사이보그 잠자리를 개발하고 있다고 밝혔습니다. 앞서 소개했듯이 광유전학은 2000년대 초반에 신경 과학 연구를 위해 개발된 비교적 최신 기술로, 특정한 파장의 빛에 반응하는 단백질을 신경 세포에 집어넣은 다음 빛을 쪼여 신경 세포가 활동하도록 만들어 주는 기술입니다. 날개를 움직이는 신경 세포에 빛을 쪼여 잠자리의 비행 방향을 바꾸거나 공중에서 정지 비행을 하도록 조종할 수 있습니다.

» 빛, 소리, 자기장, 전류로 « 뇌를 자극해

이 사례에서 볼 수 있듯이 신경 세포는 다양한 외부 자극에 대해 반응합니다. 신경 세포는 전기 신호를 이용해서 이웃하는 신경 세

포들과 정보를 주고받기 때문에 전기 자극에 민감하게 반응합니다. 시간에 따라서 변하는 자기장도 전류를 만들어 낼 수 있기 때문에 머리 밖에서 자기장을 발생시켜서 신경 세포를 자극할 수도 있습니다.

전류나 자기장을 이용해 뇌를 자극하는 기술은 꽤 오랜 역사를 갖고 있습니다. 1799년 볼타가 축전지를 개발하자 이탈리아 볼로냐 대학의 조반니 알디니 교수는 이 축전지를 이용해서 인체의 여러 부위를 자극해 보았습니다. 특히 1804년에는 심한 우울증을 앓던 루이지 란자리니라는 청년 농부의 마루엽에 전기 자극을 가했는데, 얼마 후 이 청년의 우울증이 깨끗이 치료되었다고 해요. 머리에 전류를 흘려서 우울증을 치료하는 기계는 계속 발전해 지금은 우리나라 병원에서도 어렵지 않게 찾아볼 수 있습니다.

자기장을 이용해 뇌를 자극하는 아이디어는 1903년에 미국의 발명가 에이드리언 폴록이 떠올렸습니다. 사람 머리에 수백 번 감은 코일을 대고 자기장 펄스를 만들면 직접 전류를 흘리지 않아도 뇌에 전류가 흐를 것이라는 획기적인 아이디어였죠. 하지만 시대를 너무 앞서가는 바람에 당시에는 만들지 못했고 1980년대 후반에야 사람에게 적용되기 시작했습니다. 지금은 일반 병원에서도 쉽게 볼 수 있는 유명한 의료 기기가 되었죠.

전류나 자기장을 이용해서 뇌를 자극하는 방법은 머리 밖에서 뇌를 자극할 수 있다는 장점이 있지만 정밀한 자극은 어렵습니다. 특히 뇌의 깊은 부위를 자극할 수 없다는 치명적인 단점이 있죠. 뇌의 깊은 부위에 이상이 있는 환자들을 치료하기 위해서는 긴 바늘 형태의 전극을 뇌 깊숙이 찔러 넣어서 전류를 흘려 주는 방법을 쓰기도 합니다. 뇌심부 자극 장치라고 불리는 장치입니다. 1987년에 처음으로 소개된 이 장치는 파킨슨병, 만성 통증, 틱 장애, 우울증 같은 많은 뇌 질환의 증상을 줄여 주는 것으로 밝혀졌습니다. 머리에 긴 바늘을 찔러 넣는다니 너무 끔찍해 보이죠? 하지만 이미 전 세계에서 15만 명이 넘는 사람들이 뇌심부 자극 장치를 머릿속에 지니고 살고 있습니다.

최근에는 수술을 하지 않고도 뇌의 깊은 부위를 자극할 수 있는 방법도 개발되고 있습니다. 머리 밖에서 우리가 들을 수 있는 주파수보다 높은 주파수의 음파(초음파)를 한곳에 집중시키면 그 부위의 뇌 활동을 유도할 수 있다는 사실이 밝혀졌기 때문이죠. 심지어 뇌공학자들은 뇌의 감각 중추를 음파로 자극해서 손, 팔, 다리의 감각을 느끼게 하는 연구도 시작했습니다. 이 연구가 성공한다면 가상 현실 게임에서 아바타가 느끼는 감각을 플레이어가 직접 느낄 수 있게 될지도 모릅니다. 한마디로 영화 〈아바타〉가 현실이 되는 거죠.

》 특정 주파수를 들려주면 《
병을 치료할 수도 있어

뇌를 자극하기 위해 귀에 특정한 주파수로 진동하는 소리를 들려주는 방법도 있습니다. 신기하게도 우리 뇌는 아무 주파수의 소리에나 반응하는 것은 아닙니다. 유독 40헤르츠(초당 40회 진동)의 주파수를 가진 소리에만 크게 반응한답니다. 40헤르츠의 주파수로 뚜뚜뚜뚜 하는 소리를 들려주면 우리 뇌에서 청각 정상 상태 반응이라고 불리는 40헤르츠 주파수의 뇌파가 발생합니다. 하지만 다른 주파수의 소리에는 거의 반응이 없죠. 왜 꼭 40헤르츠냐 하는 이유는 아직 어느 누구도 밝혀내지 못하고 있습니다.

그런데 청각 정상 상태 반응이라는 뇌파는 조현병 같은 정신 질환을 가진 환자에게서는 잘 관찰이 안 됩니다. 그래서 이 뇌파는 정신 질환 진단에 쓰이기도 합니다. 그런가 하면 최근 연구에서는 쥐에게 40헤르츠의 소리를 계속해서 들려줬더니 알츠하이머 치매와 밀접한 관계가 있는 베타 아밀로이드라는 단백질이 감소하는 현상이 관찰되었다고 합니다. 역시나 왜 그런지 이유는 아직 아무도 모릅니다. 하지만 연구가 계속된다면 어쩌면 미래에는 이어폰을 끼고 노래를 듣는 대신 뚜뚜뚜뚜 하는 소리를 들으면서 치매를 치료하게 될지도 모릅니다.

영화 속 뇌과학3-<겟 아웃>

흠….

아니! 저런 애 뇌를 누가 이식하고 싶겠어? 당장 끄집어 내 제거해!
헉!

내 뇌가 어때서요? 공부를 좀 안 했을 뿐이라고요! 살려 줘!
에구구~ 허리 아프니 좀 가만히 있어!
영차
영차

아, 안 돼!

왜 그래? 악몽 꿨구나?
어제 학교에서 영화 〈겟 아웃〉을 봤는데 그것 때문에 꿈을 꿨나 봐.

주인공 크리스가 여자친구네 집에 인사를 드리러 갔거든.
어서 오게.

그리고 백인들이 집에 놀러 왔는데
크리스를 보고 한마디씩 하거든.
골프는 쳐 봤나?
튼튼해 보여.
심미안이
뛰어나군.

여기 좀 이상해.
어서 집으로 돌아가자.
근데 어쩌지?
차 키가 안 보이네.

그러다 크리스는 여자친구 엄마한테 최면에
걸려 묶인 채 끌려가. 그리고 어떤 영상을 보거든.
내가 널 고른 건 너의 몸 때문이 아니라
너의 심미안 때문이야. 내 뇌가 너의
몸에 이식될 거야.

어제 이런 걸 봤더니
비슷한 꿈을 꿨나 봐.

뇌 이식 기술은 아직 불가능한 일이야.
원숭이 머리를 이식해서 며칠 살았다는
보고가 있지만 사실인지는 밝혀지지 않았어.
그런데 말이야….

네 머리를 다른 사람 몸에
이식하면 그건 너일까,
그 사람일까?
?

6장

뇌를 어떻게 연구할까

34

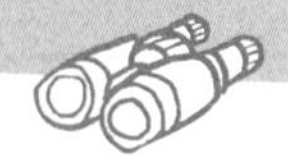

뇌 활동을 동영상으로 본다고?

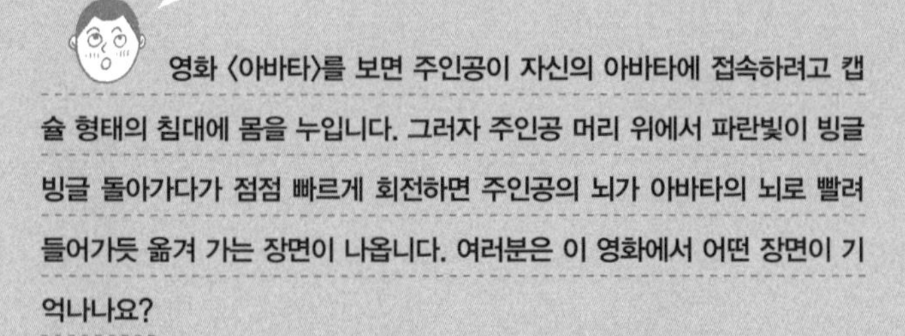

영화 〈아바타〉를 보면 주인공이 자신의 아바타에 접속하려고 캡슐 형태의 침대에 몸을 누입니다. 그러자 주인공 머리 위에서 파란빛이 빙글빙글 돌아가다가 점점 빠르게 회전하면 주인공의 뇌가 아바타의 뇌로 빨려 들어가듯 옮겨 가는 장면이 나옵니다. 여러분은 이 영화에서 어떤 장면이 기억나나요?

〈아바타〉에서는 캡슐 밖에서 주인공 상태를 관찰하는 회사 직원의 컴퓨터 화면에 주인공의 뇌 활동 동영상이 실시간으로 보입니다. 그것도 아주 빠르고 정밀하게 말이죠. 아마 저 같은 뇌공학자 중에는 그 장면을 아주 생생하게 기억하고 있는 사람이 많을 겁니다. 빠르고 정밀하게 뇌 활동 동영상을 촬영하는 것은 모든 뇌공학자들의 꿈이기 때문입니다.

》뇌 활동 영상을 볼 수 있는《 첫 번째 방법 'PET'

영화 속에 등장하는 기계만큼 빠르고 정교하지는 않지만 지금도 뇌 활동을 사진이나 동영상으로 보는 방법이 여러 가지 있습니다.

뇌가 활동하는 모습을 사진으로 볼 수 있게 된 것은 1970년대 들어 양전자 방출 단층 촬영(PET)이라는 영상 기기가 개발된 이후부터입니다. 이 기계를 이용해서 영상을 만들려면 먼저 대사 활동이 활발한 곳에 모이는 성질이 있는 방사성 동위 원소를 몸속에 집어넣어야 합니다. 방사성 동위 원소는 무척 불완전한 원소여서 빠르게 붕괴하면서 사라지는데, 이때 감마선이라는 방사선이 발생합니다. 우리 뇌가 활동하면 그 주변에 대사 활동이 증가하게 되므로 방사선 동위 원소가 많이 모입니다. 따라서 몸 밖에서 측정한 감마선을 분석해서 어느 곳에서 감마선이 많이 발생했는지를 알아내면 뇌의 어느 부위가 활동하고 있는지를 사진으로 나타낼 수가 있죠. 이 기술을 이용해 사람이 말을 할 때나 사물을 볼 때의 뇌 활동 사진을 찍을 수 있게 되었습니다.

하지만 PET으로 촬영하기 위해서는 인체에 해로운 방사선을 쪼여야 하고 방사성 동위 원소가 붕괴하는 시간도 느리기 때문에 요즘에는 거의 사용하지 않습니다. 좀 더 빠르고 정밀하게 뇌 활동 영상을 만들어 내는 방법은 1990년 미국 AT&T 벨 연구소의 세이지 오가와 박사 연구팀에 의해 개발되었습니다.

》뇌 활동 영상을 볼 수 있는《 두 번째 방법 'fMRI'

오가와 교수는 당시까지만 해도 뇌의 구조를 관찰하기 위해 사용되던 MRI를 이용해서 뇌 활동 영상을 만들어 내는 데 성공했습니다. 뇌가 활동하면 많은 양의 산소를 소모하게 되는데, 혈액 내에 산소를 가진 산화 헤모글로빈의 양이 증가하면 MRI에 변화가 생기는 현상을 이용해서 뇌의 활동을 사진으로 만들어 낸 것이죠. 이 기술이 바로 이미 여러 번 등장했던 기능적 자기 공명 영상(fMRI)이라는 기술입니다. 이후에 fMRI는 뇌를 연구하기 위한 가장 기본적인 연구 방법이 되었습니다.

하지만 fMRI도 단점은 있습니다. 산화 헤모글로빈의 농도 변화가 신경 세포의 활동에 비해 아주 느리기 때문에 빠르게 변하는 뇌의 활동을 읽어 내기 어렵다는 점입니다. 가장 빠르게 뇌의 활동을 관찰할 수 있는 방법은 바로 '뇌의 목소리'라고도 불리는 뇌파를 이용하는 것입니다. 뇌파는 신경 세포가 활동할 때 발생하는 전기 신호를 측정한 것이기 때문에 가장 빠르게 뇌의 활동을 관찰할 수 있죠. 하지만 뇌파는 신경 세포에서 멀리 떨어진 곳에서 측정하는 데다 전류가 잘 통하지 않는 두개골을 지나면서 크기가 줄어들기 때문에 정확도가 많이 떨어집니다. 이 문제를 해결하기 위해서 뇌공학자들은 최신 컴퓨터 기술과 수학 알고리즘을 이용해 머리 표면에서 측정한 뇌파 신호로부터 뇌 활동을 영상으로 만들어내는 방법을 개발했습니다. 이 방법을 사용하면 fMRI보다 정밀도는 떨어지지만 아주 빠르게 변하는 뇌 활동의 동영상을 얻어낼 수 있답니다.

하지만 아직까지 〈아바타〉에 등장하는 것처럼 빠르면서도 정밀하게 뇌의 활동을 관찰할 수 있는 기계는 개발되지 않았습니다. 미국은 2013년부터 '브레인 이니셔티브'라는 프로젝트를 지원하기 시작해서 10년 간 무려 5조원 이상을 투자하고 있습니다. 이 프로젝트의 주요 목표 중 하나가 바로 빠르고 정밀하게 뇌 활동 영상을 얻는 새로운 방법을 개발하는 것입니다. 하루빨리 새로운 뇌 영상 기술이 개발되어 우리 뇌의 비밀을 밝힐 수 있게 되기를 기대합니다.

35

뇌 안에 자석이 들어 있다고?

영국 소설가 허버트 웰스가 지은 공상 과학 소설 〈투명 인간〉의 주인공은 몸이 빛을 투과시켜 다른 사람의 눈에 보이지 않습니다. 마찬가지로 자석을 우리 몸에 갖다 대면 자기장이 아무 저항 없이 우리 몸을 투과합니다. 자기장의 관점에서 본다면 우리 인체는 투명 인간과 같습니다.

우리 몸에서는 끊임없이 자기장이 발생하고 있습니다. 이런 자기장을 생체 자기장이라고 부릅니다. 우리 몸은 자기적으로 투명하기 때문에 아무 저항 없이 몸 밖에서 생체 자기장을 측정할 수가 있죠. 생체 자기장은 심장이나 위장이 운동할 때도 발생하지만 뇌에서 신경 세포가 활동할 때도 발생합니다. 우리 뇌에서 발생하는 자기장은 신경 세포에 흐르는 전류에 의해서 생겨납니다. 전류가 흐르는 전선 주위에 자기장이 발생하는 것과 같은 원리죠. 이렇게 발생하는 자기장을 신경 자기장이라고 합니다.

» 크기가 엄청 작은 신경 자기장은 « 어떻게 측정할까?

신경 자기장은 크기가 너무 작아서 보통의 자기장 센서로는 측정이 불가능합니다. 크기가 얼마나 작냐면 지구에서 생성되는 자기장, 즉 지자기의 크기는 대략 50마이크로테슬라(μT)인데 반해 뇌에서 발생하는 자기장의 크기는 겨우 50펨토테슬라(fT)에 불과합니다.

여러분에게 익숙하지 않은 단위죠? 마이크로의 1천분의 1이 나노, 나노의 1천분의 1이 피코, 피코의 1천분의 1이 펨토입니다. 다시 말해 뇌에서 발생하는 자기장의 크기는 지자기의 10억분의 1 정도인 셈이죠. 이게 얼마나 작은 값인지 실감이 나질 않는다고요? 10미터 정도 떨어진 길거리에 자동차가 휙 하고 지나갈 때도 자기장이 발생하는데, 이때 자기장을 측정해 보면 수십 피코테슬라(pT)의 자기장이 측정됩니다. 우리 뇌에서 발생하는 자기장보다 천 배나 더 큰 값이죠.

이렇게 작은 크기의 신경 자기장을 측정하기 위해서는 아주 민감한 특수 센서가 필요합니다. 과학자들은 이미 1900년대 초반부터 머리 밖에서 신경 자기장을 측정할 수 있을 걸로 예상했지만 정작 자기장을 측정할 센서가 없었기 때문에 그 실체를 확인할 수가 없었죠. 미세한 자기장을 측정하는 것은 1962년에 영국의 물

리학자 브라이언 조지프슨이 '조지프슨 효과'를 발견하면서 가능해졌습니다. 조지프슨 효과는 초전도체와 초전도체 사이에 전류를 흘리지 못하는 부도체를 끼워 넣어도 전류가 흐르는 것을 말합니다. 이 효과를 이용하면 초전도 양자 간섭 장치라는 아주 민감한 자기장 측정 센서를 만들어 낼 수 있습니다. 조지프슨은 이 공로로 1973년에 노벨 물리학상을 수상합니다.

1972년, 데이비드 코언 박사는 드디어 뇌에서 발생하는 신경 자기장을 측정하는 장치를 만들어 냅니다. 코언 박사는 우선 외부에서 발생하는 자기장을 완벽하게 차단하기 위해서 아주 두꺼운 금속으로 사방을 둘러쌌습니다. 그리고 자기장을 측정하기 위해 초전도 양자 간섭 장치 센서를 제작했죠. 이 장치가 작동할 수 있는 초전도 상태를 만들기 위해서는 아주 낮은 온도로 센서를 냉각시켜야 합니다. 코언 박사는 영하 268도의 액체 헬륨이 가득 찬 원통 안에 초전도 양자 간섭 장치를 집어넣은 다음, 원통 아래에 헬멧 형태의 홈을 팠습니다. 드디어 장치가 완성되었고 헬멧 아래에 머리를 집어넣기만 하면 인류 역사상 최초로 신경 자기장이 측정될 예정이었죠.

코언 박사는 자신의 뇌에서 발생하는 신경 자기장이 인류 역사상 최초의 신경 자기장 신호로 기록되기를 원했습니다. 하지만 코언 박사의 회고록에 따르면 헬륨 통 아래에 머리를 집어넣을 때 엄청난 공포감이 밀려왔다고 합니다. 아주 희박한 확률이지만 통에 금이 가서 액체 헬륨이 쏟아지기라도 하면 그 즉시 냉동 인간이 되어 버릴 테니까요. 그럼에도 코언 박사는 용기를 내어 자신의 뇌에서 발생한 신경 자기장을 측정했고, 그 결과는 〈사이언스〉의 표지를 장식했답니다.

» 헬멧만 써도 « 뇌 활동을 측정할 수 있다면?

뇌에서 발생하는 신경 자기장을 측정한 것을 '뇌자도(MEG)'라고 부릅니다. 뇌자도는 신경 전류를 직접 측정하는 뇌파에 비해서 훨씬 정밀합니다. 인체가 자기장 안에서는 투명 인간이나 마찬가지이기 때문입니다. 하지만 뇌자도는 뇌파에 비해 널리 쓰이지 않습니다. 초전도체나 자기장을 막아 주는 차폐실을 만드는 데 돈이 아주 많이 들거든요. 이뿐만 아니라 초전도체의 냉각을 위해서 쓰이는 액체 헬륨은 시간이 지나면서 아주 조금씩 증발하기 때문에 계속 채워 줘야 하는데 이 헬륨의 가격도 만만치가 않죠. 그래서 최근에는 초전도체를 쓰지 않으면서 자기장 차폐실도 필요로 하지 않는 새로운 신경 자기장 측정 기술이 개발되고 있습니다. 이 기술이 완성된다면 오토바이 헬멧 같이 생긴 모자만 착용하면 일상생활 중에도 아주 빠르고 정밀하게 뇌 활동을 측정할 수 있게 될 겁니다.

36

인공 지능으로 뇌의 비밀을 푼다고?

하늘을 나는 새를 보며 날고 싶은 욕망을 가졌던 사람들은 새를 모방해서 비행기를 만들었죠. 하지만 지금 비행기는 진짜 새의 모습과는 많이 다릅니다. 비행기의 아이디어는 새에서 나왔지만 비행기는 새의 모습과는 상관없이 독자적으로 발전했습니다. 인공 지능의 발달도 이와 비슷합니다.

인공 지능은 우리 뇌 신경계의 작동 원리를 모방해서 만들었지만 뇌와 관계없이 발전해 왔습니다. 그런 인공 지능이 이제는 오히려 인간 뇌의 비밀을 밝히기 위한 중요한 도구로 쓰이고 있습니다.

》뇌의 정보 처리 과정과 유사한《 인공 지능 신경망

인간의 뇌를 연구하기 위해서는 뇌파나 fMRI 등이 주로 사용됩니다. 그런데 이런 기술을 이용해 인간 뇌에 대한 가설을 검증하려면 다양한 조건에서 많은 피실험자를 대상으로 실험을 진행해야 하는데, 이때 조건이나 피실험자를 통제하기도 어렵고 비용이나 시간도 많이 필요합니다. 인공 지능이 이런 노력을 덜어 줄 수 있습니다.

한 가지 대표적인 사례를 들어보겠습니다. 우리가 사물을 볼 때 대뇌 시각 피질의 뒷부분에서 앞부분으로 갈수록 단순한 형태부터 시작해서 점점 복잡한 형태를 처리합니다. 그런데 사진이나 영상 분류에 많이 쓰이는 인공 지능 알고리즘인 합성곱 신경망★도 여러 층으로 구성되어 있습니다. 각각의 층에서 처리되는 정보를 살펴보면 인간의 뇌에서와 비슷하게 선이나 경계, 사물의 부분

★ 시각적 영상을 분석하는 데 주로 사용되는 여러 층의 인공 신경망이다. 영상 및 동영상 인식, 추천 시스템, 영상 분류, 의료 영상 분석 등에 사용된다.

적인 형태, 사물의 전체 형상을 순차적으로 처리합니다. 이처럼 인간 뇌의 시각 정보 처리 과정과 합성곱 신경망의 이미지 정보 처리 과정이 유사하다는 사실은 오래전부터 잘 알려져 있습니다.

하지만 우리 뇌의 청각 정보 처리 과정에 대해서는 시각에 비해서 상대적으로 덜 알려져 있었습니다. 시각 영역에 비해 청각 영역이 좁기도 하고 시끄러운 MRI 안에서 청각 실험을 하는 것이 어렵기 때문입니다. 물론 소리 종류에 따라서 뇌의 서로 다른 부위가 활성화된다는 사실은 잘 알려져 있지만 인간 뇌의 청각 정보 처리도 시각 정보 처리처럼 서로 다른 뇌 영역을 차례로 거치면서 순차적으로 일어나는지는 명확하지 않았습니다.

2018년 미국 MIT 대학의 뇌공학 연구팀은 인공 지능을 이용해 인간 뇌의 청각 정보 처리의 비밀을 밝히려고 시도했습니다. 그들은 사람의 뇌 연구에 많이 사용하는 두 가지 과제를 잘 수행할 수 있는 인공 지능 구조를 탐색했습니다. 한 가지 과제는 단어를 들려준 뒤에 어떤 단어인지 알아맞히는 것이고 다른 과제는 음악을 들려 준 뒤에 장르를 알아맞히는 것이었죠.

연구팀은 두 가지 과제를 잘 수행할 수 있는 인공 신경망의 구조를 다양하게 테스트해 보았습니다. 그랬더니 주파수나 음의 높낮이처럼 낮은 수준의 정보는 공통으로 처리하다가 중간쯤에 단어 인식 파트와 장르 인식 파트로 나눠지는 구조가 가장 높은 성능을 보인다는 사실을 알게 되었죠. 이렇게 설계된 인공 지능의 인식 성공률은 놀랍게도 보통 사람보다 훨씬 높게 나타났습니다.

》최적의 구조로 진화되어 온《 인간의 뇌

MIT 연구팀의 도전은 여기서 멈추지 않았습니다. 최고의 성능을 냈던 인공 지능 모델을 이용해 fMRI 신호를 예측한 다음, 실제 사람에게서 측정한 신호와 비교해 봤습니다. 그랬더니 놀랍게도 인공 신경망의 각 층이 처리하는 정보와 뇌의 각 영역에서 처리하는 정보가 완전히 동일하다는 사실을 알게 되었습니다. 인간의 뇌가 최적의 신경망과 똑같은 원리로 작동하고 있었다는 얘기죠. 인간의 뇌는 진화 과정을 통해 최고의 성능을 낼 수 있는 구조를 알고 있었고 이미 그 구조로 작동하고 있었던 겁니다.

이후에도 많은 연구팀들이 인공 지능을 이용해 뇌를 이해하기 위한 연구를 계속하고 있습니다. 뇌의 보상 체계라든가 운동 제어 원리, 뇌의 공간 기억 원리 등을 설명하기 위해 인공 지능을 이용한 연구들이 발표되고 있습니다. 앞으로도 우리 뇌의 비밀을 밝히는 데 인공 지능이 중요한 역할을 해 주기를 기대해 봅니다.

37

생각만으로 로봇을 움직일 수 있다고?

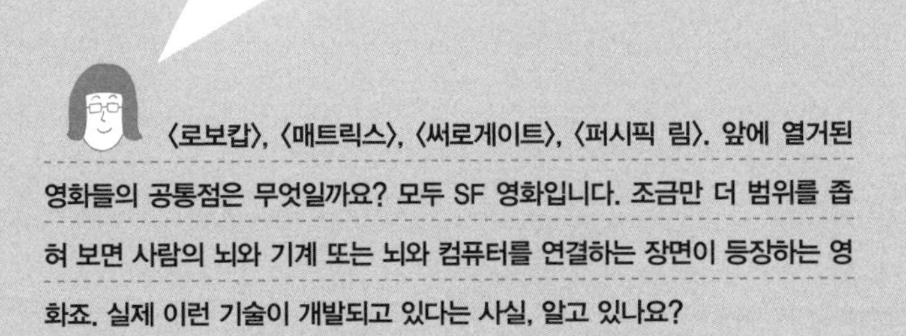

〈로보캅〉, 〈매트릭스〉, 〈써로게이트〉, 〈퍼시픽 림〉. 앞에 열거된 영화들의 공통점은 무엇일까요? 모두 SF 영화입니다. 조금만 더 범위를 좁혀 보면 사람의 뇌와 기계 또는 뇌와 컴퓨터를 연결하는 장면이 등장하는 영화죠. 실제 이런 기술이 개발되고 있다는 사실, 알고 있나요?

뇌공학자들은 사람의 뇌에서 발생하는 뇌파 신호를 해독해서 컴퓨터나 기계를 조작하는 '뇌-컴퓨터 인터페이스' 기술을 개발하고 있습니다. 1973년, 뇌파를 읽어서 컴퓨터를 조작할 수 있을 것이라는 아이디어를 처음으로 발표한 사람은 미국의 자크 비달 교수였습니다.

비달 교수는 원래 컴퓨터공학자였는데, 우연히 옆 건물의 뇌과학자인 호세 세군도 교수와 친해지면서 뇌와 컴퓨터를 연결하는 아이디어를 냈다고 합니다. 하지만 1973년 당시에는 컴퓨터의 수준이 지금의 계산기 수준에도 미치지 못했던 때라 비달 교수의 아이디어는 실제로 구현되지는 못했습니다. 비달 교수의 아이디어는 개인용 컴퓨터가 보급된 1980년대에 들어서야 비로소 빛을 발하게 됩니다.

» 뇌파를 읽어서 « 컴퓨터를 조작해

1980년대부터 1990년대까지 뇌-컴퓨터 인터페이스 기술의 발전에 큰 공헌을 한 학자로 독일의 뇌과학자 닐스 비르바우머 교수를 빼놓을 수 없습니다. 비르바우머 교수는 정신은 멀쩡하지만 사고로 근육이나 신경에 이상이 생겨 전신을 움직이지 못하는 환자들과 의사소통을 하고자 했습니다. 이런 상태에 있는 환자들을 흔히 감금 증후군 환자라고 부릅니다. 정신이 몸에 갇혀 있다는 뜻이죠.

비르바우머 교수는 감금 증후군 환자와 의사소통하는 기술을 개발하기 위해 '느린 피질 전위'라는 독특한 뇌파에 주목했습니다. 이 뇌파는 아주 느리게 변하는 뇌파로, 누구나 훈련만 하면 높낮이를 조절할 수가 있습니다. 먼저 감금 증후군 환자에게 질문을 던진 다음, 느린 피질 전위의 크기를 측정합니다. 큰 값은 '예', 작은 값은 '아니오'라고 미리 약속을 정하면 간단한 대화를 나눌 수가 있죠.

외부와 의사소통이 완전히 닫힌 사람에게는 이런 단순한 예-아니오의 대화도 아주 절실합니다. 예를 들어 더운 여름날 환자 곁을 지키는 보호자가 나름 환자를 위한다고 두꺼운 이불을 덮어 준다고 가정해 봅시다. 환자는 너무 더워서 괴롭지만 자신의 상태를 알릴 방법이 전혀 없습니다. 이때 뇌-컴퓨터 인터페이스 기술을 이용해 더운지 추운지만 알릴 수 있어도 환자의 만족도는 훨씬 높아질 겁니다.

앞서 말했듯 두피에서 측정하는 뇌파는 전류를 잘 흘리지 못하는 두개골 때문에 정밀도가 많이 낮습니다. 그래서 뇌공학자들은 두개골 안쪽에서 측정한 뇌파를 이용하는 뇌-컴퓨터 인터페이스를 개발하려 했습니다. 하지만 두개골 안에서 뇌파를 측정하려면 수술을 해야 하기 때문에 위험할 수 있죠. 그래서 먼저 원숭이에게 적용해 보기로 했습니다.

원숭이를 대상으로 하는 뇌-컴퓨터 인터페이스 기술의 선구자는 미국의 미겔 니코렐리스 교수입니다. 니코렐리스 교수는 원숭이 대뇌의 왼손 운동 영역에 바늘 모양으로 생긴 작은 전극을 촘촘하게 꽂아 넣고 생각만으로 로봇 팔을 움직이게 하는 데 성공합니다. 그냥 움직이는 정도가 아니라 로봇 팔로 음식을 집어먹게 하는 데 성공하죠.

니코렐리스 교수가 원숭이를 대상으로 뇌 - 컴퓨터 인터페이스 기술을 구현하는 데 성공하자, 미국의 존 도너휴 교수 연구팀은 이 기술을 사람에게 적용할 계획을 세웁니다. 그리고 2004년에 사고로 사지 마비 장애를 갖게 된 미식축구 선수 매슈 네이글의 대뇌 운동 피질에 미세 바늘로 만들어진 미세 전극 배열 칩을

삽입합니다. 그런 뒤 매슈가 자신의 손을 움직인다는 생각을 하자 칩이 이 신경 신호를 해독해 모니터에 나타난 커서를 움직이게 하는 데 성공합니다.

이후 기술은 빠르게 발전합니다. 2012년에는 생각만으로 로봇 팔을 움직이는 데 성공했고, 2016년에는 마비된 팔을 생각만으로 들어올리게 하는 기술이 발표되기도 했습니다.

》 뇌와 컴퓨터를 연결해서 《 텔레파시로 소통해

이제 뇌공학자들의 꿈은 한 발짝 더 나아가고 있습니다. 바로 하고 싶은 말을 생각만 하면 음성으로 합성해 주는 기술이죠. '상상 언어 인식'이라고도 불리는 기술입니다. 이 기술에 가장 앞서 나가는 뇌공학자는 에드워드 창 교수입니다.

창 교수는 2019년, 우리가 말을 할 때 사용하는 입 주변 근육의 운동 피질에 전극을 삽입하고 말을 할 때 측정한 뇌 신호로부터 음성을 합성하는 데 성공했습니다. 아직은 머릿속으로 떠올리는 말을 음성으로 합성하지는 못하지만 이 기술을 완성하기까지 긴 시간이 걸리지 않을 것으로 예상합니다.

50여 년 전 자크 비달 교수가 꿈꾸었던 뇌와 컴퓨터를 연결하는 기술은 하나둘씩 현실이 되어 가고 있습니다. 최근 들어 인공 지능 기술이 접목되면서 기술 발전 속도는 더욱 빨라지고 있죠. 어쩌면 가까운 미래에는 생각만으로 타이핑을 한다거나 말을 하지 않고 텔레파시로 교신하는 장면이 우리의 일상이 될지도 모릅니다. 지금까지 인간이 상상한 일들은 대부분 현실이 되었다는 걸 잊지 마세요.

38

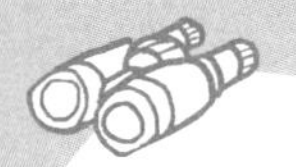

실험실에서 뇌를 만들었다고?

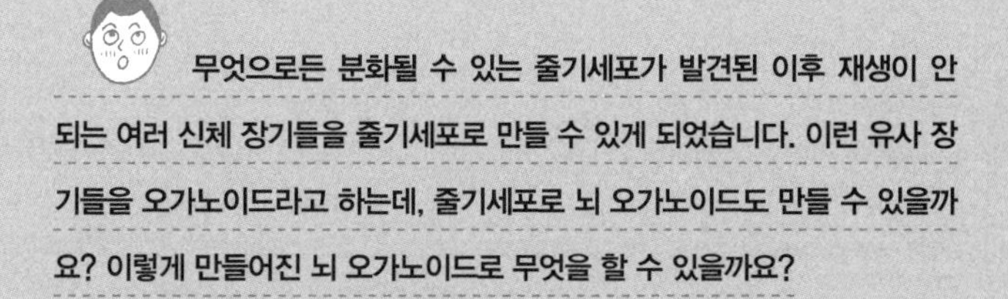

무엇으로든 분화될 수 있는 줄기세포가 발견된 이후 재생이 안 되는 여러 신체 장기들을 줄기세포로 만들 수 있게 되었습니다. 이런 유사 장기들을 오가노이드라고 하는데, 줄기세포로 뇌 오가노이드도 만들 수 있을까요? 이렇게 만들어진 뇌 오가노이드로 무엇을 할 수 있을까요?

1920년대 초반, 독일의 동물학자인 한스 슈페만은 도롱뇽의 알을 이용해 발생학 역사에서 가장 중요한 실험을 합니다. 개구리나 도롱뇽 같은 양서류의 알은 수정이 된 뒤, 분할을 계속하면서 작은 세포들로 구성된 속이 빈 작은 구 모양으로 발달합니다. 그러다가 이 구의 바깥쪽 벽이 안으로 말려 들어가면서 이중 벽이 되고 구멍은 작아져서 작은 틈처럼 보이게 되죠. 이 시기를 '낭배기'라고 부릅니다.

슈페만은 겉에 있던 세포가 안으로 말려 들어가기 직전의 세포를 잘라서 다른 부위에 붙여 보았습니다. 그러니까 원래 뇌가 되어야 할 부분을 피부가 될 세포에 붙인 것이죠. 그러자 과연 어떤 일이 일어났을까요?

신경관이 하나 더 만들어지더니 머리가 두 개 있는 몬스터 도롱뇽이 탄생했습니다. 지금은 생물 교과서에도 실려 있는 아주 유명한 실험이죠. 이 공로로 슈페만 박사는 노벨 생리·의학상을 수상합니다. 갑자기 왜 이 오래된 실험 이야기를 하냐고요? 지금부터 소개할 '미니어처 뇌'를 만드는 과정도 거슬러 올라가 보면 결국 슈페만 박사의 실험에서 시작된 것이거든요.

슈페만 박사의 실험이 우리에게 가르쳐 준 사실은 세포의 발생 과정이 미리 정해져 있지 않다는 것입니다. 주변 환경의 변화에 따라 세포의 발생이 조정될 수 있다는 거죠. 인간의 경우에도 정자와 난자의 수정으로 생겨난 수정란에서 배아 줄기세포★라는 것이 생겨납니다. 이 세포도 주변 환경을 조절해 줌으로써 다른 종류의 세포가 되도록 유도할 수 있습니다. 하나의 세포가 유도하기에 따라 신경 세포가 될 수도 있고 면역 세포가 될 수도 있다는 말입니다.

》줄기세포로 만들어 낸《 유사 장기 오가노이드

자연히 뇌과학자들의 관심은 이 줄기세포로 인공 뇌를 만들어 낼 수 있는가에 쏠렸습니다. 줄기세포에서 신체 기관을 유도해 내는 연구는 2000년대 후반부터 성과를 내기 시작했습니다. 2009년에 네덜란드 연구팀이 줄기세포로 소장 상피 세포의 구조를 거의 그대로 재현해 내는 데 성공하면서 유사 장기 또는 오가노이드라는 용어가 쓰이기 시작했죠. 2010년에는 쥐의 줄기세포에서 신장 유기체 오가노이드를 만들어 내는 것도 성공했습니다.

오가노이드 연구는 2007년에 일본의 야마나카 신야 교수가 성체의 몸에서 채취한 체세포로부터 유도 만능 줄기세포**라고 불리는, 배아 줄기세포와 유사한 세포를 만들어 내면서 윤리적인 비판으로부터도 자유로워졌습니다. 이때부터 전 세계의 많은 뇌

★ 수정란이 분할 증식하여 만들어진 배아에서 빈 공간이 생기는 시기(배반포)의 내부 세포 덩어리에서 분리해 낸 줄기세포로, 우리 몸에 필요한 어떤 세포로도 분화 가능한 세포.

★★ 다 자란 성체의 몸에서 분리해 낸 체세포를 배아 줄기세포처럼 어떤 세포로든 분화할 수 있는 세포로 만든 것. 난자와 정자가 수정된 수정란을 이용한 것이 아니라서 생명과 관련한 윤리적 비판에서 벗어날 수 있었다.

과학자들이 줄기세포에서 뇌 오가노이드를 만들기 위해 밤을 지새우기 시작했죠. 그들 중 하나인 영국의 생명공학자 매들린 랭커스터 박사는 줄기세포로부터 신경 세포를 만드는 연구를 하던 어느 날, 배양 접시에 지름이 2밀리미터 정도인 희고 둥근 물체가 떠 있는 것을 보게 됩니다. 랭커스터 박사는 사실 처음에는 그 물체가 무엇인지 몰랐다고 합니다. 혹시나 하는 마음에 그 물체를 잘라 보았더니 신경 세포로 구성된 뇌 조직이 들어 있었습니다. 이처럼 과학에서 새로운 발견은 아주 우연하게 이뤄지는 경우가 많습니다.

» 뇌 오가노이드를 이용해 « 각종 뇌 질환을 치료해

2013년, 랭커스터 박사가 줄기세포로 뇌 오가노이드를 만들었다는 연구 결과를 발표하자 전 세계에서 뇌 오가노이드를 활용하기 위한 연구가 봇물 터지듯이 쏟아져 나왔습니다. 뇌 오가노이드는 뇌 질환이 왜 생기는지를 알아내고 약물의 효과를 검증하는 데 쓰일 수 있습니다.

2016년 2월에는 미국의 존스 홉킨스 대학 연구팀이 알츠하이머병이나 뇌졸중 같은 뇌 질환 연구에 쓸 수 있는 뇌 오가노이드를 만들었습니다. 2만여 개의 세포로 구성된 이 '미니어처 뇌'는 지름이 겨우 350마이크로미터에 불과했지만 4가지 형태의 신경 세포와 이들을 보조하는 신경 교세포들로 구성되어 있습니다. 2017년에 당시 중남미 지역에서 유행하던 지카 바이러스가 어떻게 태아의 소두증을 유발하는지를 밝히는 데에도 뇌 오가노이드가 쓰였죠.

2018년에는 미국의 앨리슨 무오트리 교수 연구팀이 4밀리미터 크기로 만들어진 뇌 오가노이드에서 일정한 진동수를 가진 뇌파를 측정하는 데 성공했다고 밝혔습니다. 놀라운 사실은 이 미니어처 뇌에서 관찰된 뇌파가 미숙아의 뇌파에서 보이는 특징과 비슷했다는 것입니다. 뇌 오가노이드의 뇌파는 시간이 지나면서 점점 증가하는 추세를 보였는데 이 역시 사람의 뇌 발달 과정에서 보이는 현상과 유사했죠. 뇌 오가노이드 기술이 발전하면서 실제 인간의 뇌와 점점 더 비슷해지고 있는 것입니다. 뇌과학자들은 언젠가 뇌 오가노이드 기술을 이용해 인간의 손상된 뇌의 일부를 되살릴 수도 있을 것으로 믿고 있답니다.

39

뇌의 일부를 전자 두뇌로 대체한다고?

2017년에 개봉한 영화 〈공각기동대〉에는 인간의 뇌 일부를 '전뇌'라고 부르는 전자 두뇌로 대체하고 자유자재로 컴퓨터에 접속하는 장면이 등장합니다. 과연 전자 두뇌를 만들어서 손상된 뇌의 일부를 대체하는 것이 가능할까요?

전자 두뇌를 만들어 손상된 뇌의 일부를 대체하는 것은 지금 기술로는 불가능합니다. 하지만 가까운 미래에는 충분히 가능할 것이라고 믿는 뇌공학자들이 많습니다.

우선 인간의 뇌와 컴퓨터를 연결할 수 있다고 믿는 뇌공학자들은 우리 뇌가 컴퓨터와 비슷한 디지털 방식으로 작동한다는 점에 주목합니다.

» 뇌도 컴퓨터도 « 0과 1의 조합으로 정보를 처리해

신경 세포가 만들어 내는 전기 신호는 '실무율'이라는 법칙을 따르는데, '실(悉)'은 '전부'를, '무(無)'는 '없다'를 뜻합니다. 신경 세포도 디지털 방식처럼 일정한 수치 이하의 자극에 대해 전혀 반응을 보이지 않다가(0) 일정한 정도에 이르면 그제야 반응(1)을 보입니다. 신기하게도 자극이 아무리 커지더라도 반응 강도는 전혀 달라지지 않습니다. 다시 말해 신경 세포의 반응은 '0' 아니면 '1'의 값만 가진다는 거죠. 신경 세포들은 이처럼 0과 1을 조합한 신호를 만들어서 서로 정보를 교환합니다. 언뜻 '모스 부호'처럼 보이기도 하는 이런 신경 신호의 패턴을 '뉴럴 코드'라고 부른답니다. 컴퓨터도 뉴럴 코드처럼 0과 1의 조합으로 정보를 처리하기 때문에 자연스럽게 뇌와 컴퓨터가 연결될 수 있다고 생각하는 거죠.

이뿐만이 아닙니다. 최근 들어 '뉴로모픽 칩'이라고 불리는 반도체 칩이 개발되고 있습니다. 여러분들이 가정에서 사용하는

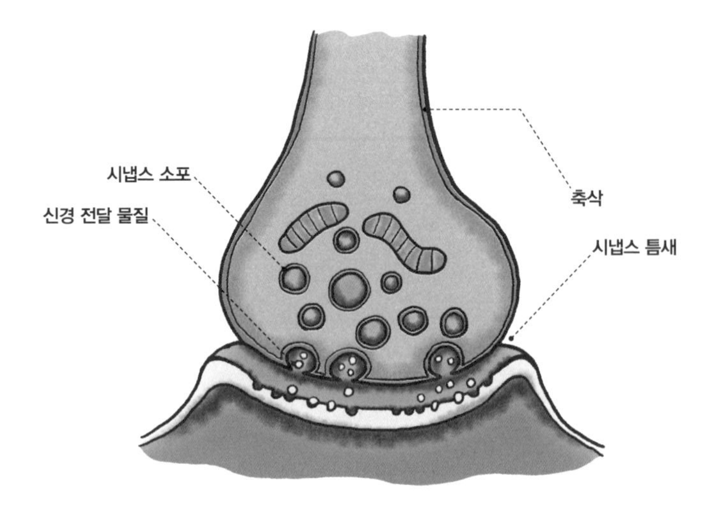

| 시냅스의 모습 |

컴퓨터나 스마트폰은 중앙 처리 장치(CPU)에서 처리한 정보가 D 램이라고 불리는 별도의 메모리 반도체에 저장됩니다. 그런데 CPU와 D램이 서로 떨어져 있다 보니 정보를 주고받는 과정에서 시간도 오래 걸릴 뿐만 아니라 에너지 손실도 발생합니다.

반면 사람의 뇌에서는 신경 세포 사이에 전기 신호를 주고받으면서 정보 처리를 할 때 새로운 정보가 별도의 기억 장소에 저장되는 것이 아니라 두 신경 세포 사이의 좁은 틈인 '시냅스'에 저장됩니다. 정보의 처리와 저장이 동시에 일어나니까 속도도 빠르고 에너지 소비도 적어지는 거죠. 여러분들 머릿속에는 세상에서 가장 빠른 컴퓨터가 한 대씩 들어가 있는 셈입니다.

뉴로모픽 칩은 이런 뇌의 정보 처리 과정을 모방해서 만든 반도체 칩입니다. 두 CPU가 서로 정보를 주고받을 때 새롭게 만들어지는 정보를 별도의 저장 장치에 저장하지 않고 두 CPU 사이에 시냅스의 역할을 하는 '멤리스터'라는 저장 소자를 집어넣어 저장합니다. 그러면 우리 뇌에서처럼 정보의 처리와 저장이 동시에 일어나게 되죠. 뉴로모픽 칩은 인간 뇌의 작동 방식과 비슷하게 만들어진 데다 인간의 뇌처럼 정보를 주고받기 때문에 언젠가는 인간의 뇌와 결합될 수 있을지도 모릅니다.

》 컴퓨터와 인간의 뇌는 《 전기적·화학적으로 완벽히 결합될 것

하지만 우리의 뇌는 전기 신호만으로 동작하는 컴퓨터가 아닙니다. 뇌는 호르몬이라고 불리는 다양한 화학 물질을 만들어 내고 이들 물질이 운동이나 감정과 같은 뇌 기능에 중요한 영향을 끼칩니다. 따라서 뉴로모픽 칩 기술을 통해 뇌와 컴퓨터가 전기적으로 연결이 된다고 하더라도 화학적으로 연결되지 않는다면 완전한 결합이 되지 않을 수 있습니다. 2016년, 미국의 뇌공학자 에드워드 보이든 교수는 언론과의 인터뷰에서 언젠가는 인간 뇌의 자연적인 신경 회로망과 인공적인 신경 회로망이 전기적으로뿐만 아니라 화학적으로도 완벽하게 결합될 수 있을 것이라고 예측했습니다. 그 시기가 언제일지는 모르지만 어쩌면 미래는 생각보다 가까이 다가와 있을지도 모릅니다.

1903년 10월 9일, 미국의 대표적인 일간지인 〈뉴욕 타임스〉에 다음과 같은 기사가 실렸습니다. "비행기를 만드는 일은 가능한 일일 것이다. 다만 수학자들과 기술자들이 백만 년 아니 천만 년 정도 계속해서 열심히 일을 해야 할 것이다." 이 기사가 실린 뒤 정확히 두 달하고 8일이 지난 1903년 12월 17일, 라이트 형제가 플라이어호를 타고 인류 최초의 비행에 성공했습니다.

뇌공학의 눈부신 발전 속도를 생각해 본다면 어쩌면 생각보다 가까운 미래에 우리 뇌의 일부를 전자 두뇌로 대체하는 것이 가능해질 것입니다. 그리고 그 미래를 여는 열쇠는 이 책을 읽고 있는 여러분들 중 누군가가 쥐고 있을지도 모릅니다.

40

우리 뇌를 컴퓨터에 업로드할 수 있을까?

천재 소년, 괴짜들의 왕, 우주 억만장자, 아이언맨… 이것들은 다 누구의 별명일까요? 미국의 기업가이자 혁신의 아이콘으로 불리는 일론 머스크입니다. 머스크는 전기 자동차 시장을 개척해 '테슬라'를 세계적인 회사로 키웠고, 민간 우주 개발 회사 '스페이스 엑스'를 설립해 우주 발사체 재활용 기술을 상용화했죠. 그리고 2017년, 새로운 도전에 나섰습니다.

2017년 3월 28일, 일론 머스크는 '뉴럴링크'라는 뇌공학 회사를 설립했다고 발표했습니다. 머스크가 밝힌 뉴럴링크의 궁극적인 목표는 사람의 생각을 읽어 컴퓨터에 업로드하고 컴퓨터에 있는 지식을 뇌로 다운로드 받는, 공상 과학 영화에서나 등장할 법한 기술을 개발하는 것이었습니다. 많은 전문가들이 불가능한 목표라고 비판했지만, 머스크는 아랑곳하지 않고 2020년에 '더 링크'라는 뇌-컴퓨터 접속 장치를 발표하는 등 목표를 향해 한발씩 나아가고 있습니다.

》 사람 생각을 컴퓨터에 업로드 《
컴퓨터 지식을 사람 머릿속에 다운로드

머스크의 '마인드 업로드' 방식이 성공하기 위해서는 뇌의 언어인 뉴럴 코드를 이해할 수 있어야 합니다. 뉴럴 코드를 이해하는 것은 현재로서는 너무나 어려운 일이기 때문에 전혀 다른 방식을 시도하려는 학자들도 있습니다.

2011년에 티머시 버스바이스와 스티븐 라슨은 '오픈웜 프로젝트'라는 비영리 단체를 조직했습니다. 이 단체의 최종 목표는 선형동물인 예쁜꼬마선충의 커텍톰 정보를 활용해서 컴퓨터 안에서만 존재하는 '인공 생명체'를 구현하는 것입니다. 티머시와 스티븐이 가장 먼저 도전한 과제는 예쁜꼬마선충의 302개의 신경 세포와 95개의 근육 세포를 컴퓨터로 시뮬레이션해서 예쁜꼬마선충의 움직임을 컴퓨터 안에서 완벽하게 구현하는 것이었습

니다. 그들은 수십 년간 예쁜꼬마선충을 대상으로 한 실험에서 관찰된 행동 데이터를 이용해서 예쁜꼬마선충의 신경망 연결 강도를 알아냈습니다. 그리고 이 정보를 이용해 만들어 낸 컴퓨터 속 예쁜꼬마선충의 움직임은 실제 예쁜꼬마선충의 움직임과 놀라울 정도로 비슷했죠. 이 결과가 의미하는 것은 어떤 생명체의 신경망 연결 강도 정보를 정확하게 알아낼 수 있다면 컴퓨터 안에서 그 생명체를 인공적으로 구현할 수도 있다는 겁니다.

물론 예쁜꼬마선충은 겨우 302개의 신경 세포와 7천여 개의 시냅스를 가진 단순한 생명체입니다. 무려 860억 개의 신경 세포와 100조 개에 달하는 시냅스로 구성된 인간의 뇌를 컴퓨터에 업로드한다는 것은 거의 불가능에 가깝죠.

물론 영화적 상상에서는 가능한 일입니다. 2014년 개봉한 영화 〈트랜센던스〉에는 죽음을 앞둔 주인공의 뇌를 슈퍼컴퓨터에 업로드하는 장면이 등장합니다. 영화의 주인공인 윌 박사는 머리에 뇌파 측정 전극을 붙인 채 영어 사전의 단어를 하나씩 읽어 나갑니다. 단어를 읽을 때 측정한 뇌파 신호를 이용해 슈퍼컴퓨터에 있는 인공 신경망의 시냅스 연결 강도를 찾아 주기 위해서죠. 물론 영화니까 가능한 상상입니다. 실제로는 뇌파를 이용해서 정밀한 뇌 활동을 읽어 낼 수 없을 뿐만 아니라 언어를 이해하고 말을 하는 데 쓰이는 뇌 영역은 전체 뇌 면적의 20퍼센트에도 미치지 못하기 때문입니다.

하지만 먼 미래에 시냅스의 연결 강도를 사진을 찍듯이 알아낼 수 있는 새로운 기술이 개발된다면 어떨까요? 그래서 어떤 사람이 죽음을 맞이할 때, 그의 뇌를 끄집어내서 완벽한 커넥톰을 알아내고 그 정보를 컴퓨터에 업로드해서 컴퓨터 안에서 살아갈 수 있게 할 수 있을 것입니다.

》 상상하는 사람만이 《
미래를 바꾸는 주역

제가 이 책을 마치면서 여러분들에게 전하고 싶은 마지막 메시지는 상상하는 사람만이 미래를 바꿀 수 있다는 것입니다. 1926년,

미국의 발명가인 니콜라 테슬라는 〈콜리어스〉라는 주간지와의 인터뷰에서 다음과 같은 말을 했습니다.

"무선 시스템이 완벽하게 구현된다면, 영상 통신과 음성 통신을 통해 마치 곁에 있는 것처럼 서로의 얼굴을 보고 목소리를 들을 수 있을 것입니다. 그리고 이 기계들은 우리의 현재 전화기와 비교할 수 없을 만큼 쉽게 교신하게 해 줄 겁니다. 그때는 누구나 조끼 호주머니에 이 기계를 하나씩 가지고 다닐 거예요."

그리고 100년 가까이 지난 지금 우리는 모두 주머니에 이 기계를 하나씩 넣고 다닙니다. 모두 니콜라 테슬라의 상상이 있었기에 가능한 일이죠. 여러분의 상상이 세계를 변화시키고 더 많은 사람들의 행복에 기여할 수 있도록 뇌과학과 뇌공학에 많은 관심을 가져 주길 바랍니다.

영화 속 뇌과학4-<공각기동대>

그래서 회사는 메이저를 제거하려 하고, 메이저는 자신을 만든 의사의 도움을 받아 탈출에 성공해.
탕!
탕!

결국 메이저가 기억을 되찾고 복수를 하는 줄거리야.
모토코?
아. 이게 진짜 나였구나.

메이저처럼 전뇌를 갖고 있으면 무슨 기억이든 내 머릿속에 옮길 수 있잖아. 흐흐흐.
수학
국어
영어

그럼 지긋지긋한 공부 안 해도 되고!
난 게임하고 놀면서 공부는 전뇌로 그냥 받고! 꿩 먹고 알 먹고!
뿅! 뿅!
공부

그럼 엄마가 해 줄 건 이것뿐이네.
설마…, 전뇌?

눈빛만으로 엄마 생각을 네 머릿속으로 옮기는 거!
알았어요. 공부할게요.
찌릿!

질문하는 과학 05
우리 뇌를 컴퓨터에 업로드할 수 있을까?

초판 1쇄 발행 2020년 12월 30일
초판 3쇄 발행 2023년 8월 30일

지은이 임창환
그린이 최경식
펴낸이 이수미
편집 김연희, 이해선
북 디자인 신병근
마케팅 김영란
종이 세종페이퍼 인쇄 두성피엔엘 유통 신영북스
펴낸곳 나무를 심는 사람들

출판신고 2013년 1월 7일 제2013-000004호
주소 서울시 용산구 서빙고로 35, 103동 804호
전화 02-3141-2233 팩스 02-3141-2257
이메일 nasimsabooks@naver.com
블로그 blog.naver.com/nasimsabooks

ISBN 979-11-90275-34-7
979-11-86361-74-0(세트)